品讀文化

永遠是20%的人賺錢

開公司賺大錢，不變的26條黃金法則

董振千 編著

永續圖書線上購物網　讀品文化事業有限公司

WWW.foreverbooks.com.tw　yungjiuh@ms45.hinet.net

全方位學習系列 61

開公司要賺大錢，不變的26條黃金法則

編　　著　董振千
出 版 者　讀品文化事業有限公司
執行編輯　林美娟
美術編輯　林子凌

騰讯读书 BOOK.QQ.COM　华夏原创网 www.yuanchuang.com

總 經 銷　永續圖書有限公司
TEL／(02)86473663
FAX／(02)86473660
劃撥帳號　18669219
地　　址　22103　新北市汐止區大同路三段 194 號 9 樓之 1
TEL／(02)86473663
FAX／(02)86473660
出 版 日　2015年04月

法律顧問　方圓法律事務所　涂成樞律師
CVS代理　美璟文化有限公司
TEL／(02)27239968
FAX／(02)27239668

國家圖書館出版品預行編目資料

開公司要賺大錢,不變的26條黃金法則 / 董振千編著. -- 初版. -- 新北市 : 讀品文化, 民104.04
面 ;　公分. -- (全方位學習 ; 61)
ISBN 978-986-5808-95-2(平裝)
1.職場成功法 2.人際關係
494.35　104002795

前言

想自己開公司賺大錢，其中一項重要法則就是維持人脈。

曾有一位記者採訪鋼鐵大王安德魯・卡內基，問他獲得財富和成功的要訣。安德魯・卡內基沒有正面回答這位記者的提問，而是列舉許多工商界知名人士，簡述了他們的個人奮鬥歷程，並善意地告誡這位記者，不要固執地向億萬富翁追問獲得金錢的竅門，這是不實際的。這個竅門就在他所提供的事例之中，要經過分析和總結才能獲得。

這位記者就安德魯・卡內基所提供的內容進行了分析，驚奇地發現，這些成功人士的周圍都集結了一批才幹優秀，能獨當一面的精英人物。在許多重要關頭，都是這些人物協助他們的老闆確認了方向，走出了泥潭，取得了成功。幾乎沒有一個人是完全憑個人智慧和力量在工商界抑或政界打下江山。正如安德魯・卡內基的名言：「不是我本人有什麼超常的智慧和能力。我只不過比較善於團結在某些方面比我更能幹的人為我工作而已。」這位記者由此而找到了成功者的祕訣：善於團結傑出人才為自己辦事。

很多成功人士都深刻地意識到人脈資源對事業成功的重要性。曾任美國某大鐵路公司總裁的A・H・史密斯說：「鐵路的百分之九十五是人，百分之五是鐵。」美國成功學大師卡耐基經過長期研究得出結論：「專業知識對於一個人的成功只佔百分之十五，而其餘的百分之八十五則取決於人際關係。」所以說，無論從事什麼職業，只要學會處理人際關係，你就成功了百分之八十五，得到了百分之九十九的個人幸福。無怪乎洛克菲勒說：「我願意付出最大的代價來獲取與人相處的本領。」

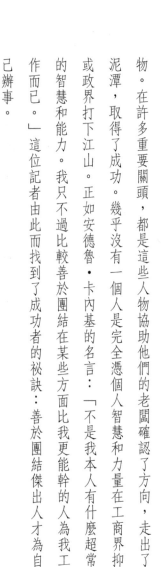

瞭解自己，找到自己的優勢，然後好好地經營它，那麼久而久之自然會結出豐碩的成果。所以，如果你是一個不甘平庸、想成就一番事業的人，那麼就在認識自己長處的前提下，揚長避短，認真地做下去吧。也許你的優勢只是很小的一點點，需要經過長時間的累積和經營才能形成真正的勢力，所以，一定要持之以恆。堅決守住自己的陣地，絕不把最擅長的領域丟棄，那麼你就一定能成就自己。

Contents

26 Laws of Starting Your Own Business

黃金法則01 先讓客戶賺錢

企業之所以能夠發展，必須依靠客戶的消費；客戶之所以會買產品，往往是因為購買商品後會有錢賺或者有利益所得。沒有人會做對自己無益的買賣，這是一項很簡單的道理。企業希望做強做大，一定要先讓客戶賺錢，客戶高興了，也就意味著他們要幫企業賺錢了，慢慢的企業也就強大了。

行銷大師科特勒指出：「客戶是企業的唯一利潤中心。」「始終把客戶放在心上」是行銷工作不斷前進的動力，樹立以客戶爲中心的行銷觀念，不但是行銷工作發展的根本，也是企業存亡的關鍵。

一九八五年，巴巴拉・本德・傑克遜提出了關係行銷的概念，使人們對市場行銷理論的研究，邁上了一個新的里程碑。所謂關係行銷，是把行銷活動視爲一個企業與消費者、供應商、分銷商、競爭者、政府機構及其他公眾發生互動作用的過程，其核心是建立和發展與這些公眾的良好關係。關係行銷展現的是一種「以人爲本」的價值取向，其中最關鍵的就是處理好與客戶之間的關係，堅持以客戶爲導向、客戶至上的行銷策略。

其中「公司要賺錢，先讓客戶賺錢」這一觀念，不僅是企業經營理念的提升，也是一項經營思考上的革命！從客戶的角度去經營公司，想方設法爲客戶省錢，讓客戶賺錢之後，也就等於爲自己賺錢。在這個時代，想得到暴利的機會不多了，而市場競爭又十分激烈。我們可以讓利，但絕對不能讓市場。如果經銷商在賣您的品牌時不賺錢，那您又該如何讓他們願意向您批購貨物，如何讓他們不斷地推薦您的產品？市場永遠不缺產品，只有產品才會缺市場。經銷商（或其他銷售商）必須有錢賺，才會衍生出品牌忠誠度，沒錢賺自然就不會對您的品牌忠誠，即使您的產品確實很好也一樣。只有總是站在客戶的角度去思考問題，不斷開源節流降低成本，讓客戶賺錢，讓市場打開，公司自然而然也就賺錢了。

在阿里巴巴的企業價值觀中「客戶第一」是這樣闡述的：客戶是衣食父母。無論何種狀況，始終微笑面對客戶，體現尊重和誠意。在堅持原則的基礎上，用客戶喜歡的方式對待客戶。為客戶提供高附加值的服務，使客戶資源的利用最優化。平衡客戶需求和公司利益，尋求並取得雙贏。關注客戶所關注的重點，為客戶提供建議和資訊，幫助客戶成長。

只有客戶富有了，阿里巴巴才有錢賺，馬雲很清楚這個道理。在他的領導下，阿里巴巴一直想方設法為客戶創造價值。馬雲認為正確對待客戶的理念應該是：把為客戶創造更多價值視為義不容辭的責任。當我們與客戶交往時，眼睛不要只盯著客戶的錢，應該考慮用自己的產品和服務，先為客戶多賺一點錢。等客戶賺錢了，我們才會賺錢。

馬雲指出：「電子商務最大的受益者應該是商人，傳統企業利用我們所提供的工具，去創造更大的經濟效益，並成倍地增長。」馬雲認為，阿里巴巴應是商人們賺錢的工具，馬雲時常提醒銷售人員不要盯著客戶的錢，而是要幫客戶多賺錢，等到他們賺錢之後分給自己一點。殘酷的競爭現實告訴企業家們：想要長期發展，必須竭盡全力為客戶創造最多的價值。行銷界最根本、最大的挑戰就在此。作為阿里巴巴的領導者，馬雲似乎從來沒有擔心過利潤來源的問題。經過仔細研究，人們發現，馬雲從一開始就堅持資源分享，藉由免費的方式讓資訊以最快的速度聚集在一起，然後提供給用戶。

阿里巴巴的每一項產品都是為了幫助客戶營利而產生。從一開始，客戶的不信任會為行銷帶來很多障礙，企業主們對上門推銷的商品總存在一種防備心理，在這種心理面前，廣告變得無力。任憑銷售人員說得天花亂墜，只要他們看不到這種商品能為他們帶來的真正實惠，就不會購買。所以說，事實是檢驗真理的唯一標準，商品的實際效果是最有說服力的廣告。只要把好處展示在客戶面前，讓他們看得見、摸得著，而等到他們發現使用阿里巴巴的產品真的能夠為自己帶來極大的好處，就自然而然地樂意掏錢出來，甚至爭先恐後地把錢塞進阿里巴巴的口袋裡。就好像只能徒步旅行的一群人，突然有了開汽車旅行的機會，剛坐上時他們會心懷忐忑，等到發現這種方式既快捷又舒適，並漸漸養成了習慣時，就絕不會拒絕了。何況只要花費一點油錢就可以繼續擁有一輛高檔的汽車，他們又何樂而不為呢？

二〇〇四年阿里巴巴推出「搜索關鍵字競價拍賣會」。只要是「誠信通」會員，就可以藉由拍賣來獲得各自產品類別下前三名的位置，上限價為每月人民幣十六萬元。這筆費用對於習慣了省吃儉用的中小企業而言，不是一筆小數目，但活動開始後卻受到大量用戶的追捧。有的客戶甚至為了競拍成功，偷偷帶著有無線上網功能的筆記型電腦出去吃飯，然後利用午飯時間突然出價，只為讓對手措手不及。據客戶說，這樣做的原因是為了每年獲得阿里巴巴競價排名訂單，光是加盟和保證金就有六百萬元，更別說產品的銷售利潤了。相比之下，幾萬元的競拍價就成了小菜一碟。這正應了馬雲所說的：「先把人家口袋裡的五元變成五十元，到時人家賺了四十五元，一定願意給你五元。所以賺客戶的錢之前，要先去想想客戶有沒有賺錢，這才是做生意之道。從商者很多時候被金錢蒙蔽雙眼，想盡一切辦法要把別人口袋的五元放進自己的口袋裡，結果敗得很慘。為什麼不想辦法幫助別人創富呢？如果客戶能透過阿里巴巴賺到一百元、一千元，他們一定不會拒絕分給阿里巴巴一元的。」

在親眼看到利潤不斷上漲之後，中小企業越來越相信阿里巴巴。客戶的生意越來越好，阿里巴巴的生意也隨之越來越好了。馬雲依舊時刻提醒員工不要有太強的功利心，腦子裡要想的是如何幫助客戶賺錢。馬雲相信，客戶只有得到了實惠，才會心甘情願地買單。所以，在發展淘寶網時，馬雲依然堅持一定要先為客戶創造價值，然後再考慮收費的觀念。等到網路開店成為一種職業，網路購物成了一種消費習慣後，淘寶才能夠大規模營利。

「該開始考慮賺錢的時機，是當你真正幫助別人賺了錢的時候。只是現在還不是淘寶收費的時機，因為市場還需要培育。就像幾年前我經常講的，如果阿里巴巴在路上發現小金子並且不斷撿起來，等他身上裝滿金子的時候就走不動了，也就永遠到不了金礦的山頂。」

馬雲曾說過：「我們第一，必須代表客戶利益；第二，必須代表員工利益；第三，才是代表最廣大的股東利益。」在談到如何體現「客戶利益」時，馬雲這樣說：「營業額很重要，但我要給大家一個清楚的資訊，我們的客戶數量和客戶滿意度更為重要。為客戶提供好的服務，是永遠不會變的道理。」

「客戶是父母，股東是娘舅。」這是馬雲提及客戶與股東對於阿里巴巴的影響時所用的比喻。對於阿里巴巴這樣一個服務型企業，馬雲深知客戶的重要性。

馬雲在和員工談到阿里巴巴的使命時，總會反覆提到阿里巴巴是為客戶服務這一宗旨。他說：「不要小看阿里巴巴這個網站，我們為很多人創造了就業機會，阿里巴巴的使命就是幫助中小型企業做生意，我們如果幫助中小型企業賺越多錢，他們就能夠雇用更多的人，讓更多人有更多的機會，這個社會將更穩定。」

在阿里巴巴上市之後，很多人都說阿里巴巴創造了很多的「富翁」，這些富翁當然是指阿里巴巴的員工。馬雲卻有不同的看法，他覺得阿里巴巴要讓「客戶」成為富翁，他更希望自己的客戶賺錢。馬雲這段話就足以說明一切：「我可以很高興地告訴大家，阿里巴巴一定會培養出無數位千萬富翁。但是阿里巴巴要把自己的員工變成百萬富翁、千萬富翁，首先要有更多的客戶因為阿里巴巴而成為百萬富翁，這是最關鍵的。阿里巴巴的使命是幫助中小型企業，只要它們的生意越做越好，結果就是我們公司也賺錢。」

很多人好奇阿里巴巴為什麼會受歡迎，馬雲告訴他們：「阿里巴巴是商人們用來賺錢的工具，既然大家依靠阿里巴巴賺到了錢，所以受歡迎當然是再正常不過的事情。」「幫客戶賺錢」已經成為馬雲心中阿里巴巴的真實價值所在，阿里巴巴因此也成為產業之首。

藉由阿里巴巴的成功案例，企業必須明白想生存和發展，就要能夠按客戶的要求設立服務標準，建立全套滿足客戶要求的解決方法。做到以客戶爲導向，最有效的辦法就是使企業與行銷人員圍繞著客戶工作。客戶營利，企業便營利；客戶虧損了，當然就沒有人會爲企業買單了。因此能夠直接塑造企業發展的，往往正是客戶。

黃金法則 02

站在客戶的立場設計需求

主動往往能取得先機，也能帶來一個好的結果。事先為消費者準備好他們心裡想要的東西會讓消費者有種愉悅感；相反，總是讓消費者被動地提出要求、不斷等待，這個企業是不會令消費者留下好印象的。所以站在客戶的立場上設計需求，而非追著客戶問需求，是企業增加銷售量的好方法。

如今很多企業爲了贏得客戶青睞，迷信於低價策略。但是實踐證明，用低價吸引消費者的方法，容易使企業陷入降價的惡性循環之中，甚至導致虧損。因爲，單純的低價只能與消費者維持短暫的合作關係，任何消費者都希望企業能夠有更低的價格出現，所以競爭對手的價格一旦更低，消費者就會立即棄你而去。低價不是萬用膠，不能長久黏住消費者的選擇。

那麼，什麼才是企業黏住消費者選擇的萬靈丹呢？答案當然是「滿足消費者的真正需求」。

李艾華是一家商場的團購創業者，非常善於挖掘客戶的根本需求，然後予以滿足，贏取訂單。一天，某高級中學總務處的劉先生打電話來，要求購買能夠加熱的飲水機。放下電話後，李艾華開始思索這件事情：「雖然這所學校經常向自己這買東西，但這所學校本身就有熱水供應系統，為什麼還要買能夠加熱的飲水機？」於是，他找來劉先生瞭解情況。原來學校的供水處離宿舍有一定距離，很多學生偷懶，就在宿舍裡燒開水。這對學校來說是一個巨大的安全隱憂。

李艾華徹底了解學校訂購飲水機的目的之後，明白真正的原因是要用飲水機來代替現有集中供熱水的方式。由於這是該所學校首次採購飲水機，劉先生肯定沒有經驗。所以李艾華必須承擔起挑選、推薦產品的責任。李艾華意識到，他必須瞭解哪些要素決定了飲水機的品質。於是他利用網路搜集相關資訊，瞭解了影響飲水機壽命的要素。另外，他又打聽到這所學校將在今年建設新的教學大樓，對於各項費用控制很嚴，因此價格也是學校的重要考量。

在經過多方比較之後，李艾華選擇了一款品牌知名度高、聲譽好、價格低廉的產品。他帶著這款飲水機和另外一款普通的飲水機來到劉先生辦公室，將挑選產品的過程詳述一遍，然後把兩款飲水機的價差報給劉先生。隨後又問起學校新樓的規劃情況，暗示為劉先生節省費用的考慮。劉先生會心一笑地說：「還是你懂得為我們著想。哈哈，馬上簽約吧！」

從這個例子我們可以看出，李艾華在接到業務後，首先考慮的不是劉先生需要什麼，而是先弄明白他爲什麼會有這種需求。因爲李艾華主動站在客戶的角度上考慮需求，正中客戶的心思，令客戶留下了好的印象。所以買下了李艾華所推薦的產品也是理所當然的。

孫曄也是一家大型商場的業者。他和李艾華一樣非常懂得從客戶需求入手，打動客戶的心。

有一年臨近春節時，一家老人福利機構打電話給孫曄，希望採購一批價位不太高的保健品。這些保健品將用來贈送給附近沒有住在養老院的老人。敏感的孫曄立即產生了疑問，把這些保健品贈與沒有在養老院住宿的老人嗎？那麼，住在養老院的老人們呢？孫曄斷定該養老院一定還有更大的需求。

第二天一早，孫曄就去瞭解情況，但是養老院業者說暫時沒有考慮發放春節禮物給住宿的老人。但是孫曄沒有氣餒，他知道自己的產品在性價比上並沒有太顯著優勢，於是他開始思索怎樣才能讓養老院在這次交易中得到額外利益。

在從養老院出來的時候，孫曄在養老院的公佈欄上看到號召大家積極報名參與春節聯歡晚會的通知。他靈機一動：如果把自己公司的聯歡會和養老院聯合起來舉辦，一定會受到歡迎。於是孫曄迅速與養老院聯繫，在報價的同時提出「我們願意承辦養老院的春節聯歡活動」。院長非常高興，同時也接受了報價。

孫曄的成功便在於站在養老院的角度思考，想著如何爲養老院謀取更大的利益，滿足養老院更大的需求。但是如今，很多企業並沒有爲顧客的需求考慮，而注重打價格戰、促銷戰，聚焦在如何提供物美價廉的產品。雖然向顧客提供物美價廉的產品是正確的，但在競爭激烈、市場訊息越來越透明的今天，關於產品價格、品質等資訊，顧客早已充分瞭解，留給企業可做文章的餘地越來越小。所以，滿足客戶的需求就成了比低價更好、更重要的策略。

可見，現在根據客戶的需求來開發針對性的產品已經算是一種創新，企業想飛快地發展創造利潤，只能滿足客戶心中理想的需求。然而這一點，原本就是每家公司都特別在乎的。許多公司不僅奉承「顧客至上」的服務理念，也努力地爲滿足顧客的需求而努力，但結果卻往往不盡如人意，那又該怎麼辦呢？

企業管理者應該明白顧客需求是多種多樣的，不同的顧客有不同的需求。銷售人員、服務人員可以從以下幾方面幫助來揣測顧客的需求：

一、顧客性別

俗話說，男女有別。男性消費者與女性消費者的消費需求差別很大。以汽車爲例，男性顧客買車一般側重於車的速度和品質，考慮較多的是車速快不快，操縱性好不好。女性一般關注這輛車的樣式和色彩，考量這輛車美不美，與她日常的穿戴搭不搭。女人受情緒左右，男人被欲望支配；而情緒受環境影響，欲望則指向具體目標。若銷售的是既適合男性也適合女性的產品，也同樣要注意其不同的需求。

二、扮演角色

顧客來買車的時候，會有兩種角色，一種是買車者，一種是陪客。這位陪客通常是狗拿耗子多管閒事的人，也是被買車者所信任的人。所以，面對顧客與陪客的時候，您要兩點兼顧，不能對陪客冷眼相加，雖然陪客能幫你的地方不是太多，但扯你後腿的機會不少。特別是到了後期砍價，抱怨產品的時候，這個陪客往往是不能忽視的。特別要關注他們之間是什麼關係。比如是夫妻一起來購買，那就要看誰當家做主。如果是家長帶學生來購買，一般來說會由家長決定購買價位，學生決定款式功能。如果是兩個男性朋友結伴來購買，你就要誇讚這位朋友真夠義氣！如果是女性朋友結伴購買，你就要利用其虛榮的心理，偷偷說她比朋友漂亮。

三、日常用途

用途的詢問，主要問的是路途的遠近，載量的輕重。瞭解用途後，較容易針對需求介紹車型、回答問題。如果路途遠就要推薦騎續行里程比較遠的車子，如果路段坑坑窪窪山高坡陡，就需要推薦具有越野性能的車子。

四、購買時間

顧客到底是今天就要買車，還是打算這個月買車，還是準備以後再買，這是需要判斷的。這裡有四種顧客：

(1)目標顧客今天購買。

(2)沒有帶錢先期瞭解。

(3)已經購買同行問價。

(4)逛街散步無意購買。

對於第一、第二種顧客，導購員都會認真接待，對於第三種顧客，導購員往往不理不睬，或揭穿「陰謀」，搞得顧客狼狽不堪。其實，大可不必。遇到這種沒有需求的顧客，最好的對策是反覆念叨自己周到的售後服務。對於第四種逛街散步的，就發個宣傳廣告單給他們參考。

另外，在與客戶的前期接觸過程中，還要特別挖掘連他們自己都沒有意識到的潛在需求，不要只被表面的需求所迷惑。比如，一個客戶要求將企業網站優化，其直接需求雖然是網站優化，但真正需求或者說隱藏的需求，是要藉由網際網路平台來傳播他們的產品和品牌形象。準確一點的說，就是要做「網路行銷」。

如果在初次接觸之後，能夠挖掘出深層次的網路行銷需求，就能夠同時按照「網路行銷全面解決方案」和「企業網站優化」兩個導向，幫客戶設計各種需求模型。只有這樣，才是真正實踐「以客戶爲中心」的服務理念。以「專家顧問式」的方法幫助客戶解決需求。

《華爲報》上刊登了一篇文章，題爲《超級行銷員》。文章內容大致如下：

百貨公司經理檢查新售貨員的工作情況。

「你今天有幾個顧客？」

「一個。」

「只有一個顧客，賣了多少錢呢？」

「五點八萬美元。」

經理大為驚奇，售貨員解釋道：「我先賣給他一枚魚鉤，接著賣給他釣竿和釣線。再問他打算去哪裡釣魚，他說到南方海岸去。我說那該有艘小船才方便，於是他買下了那艘六米長的小汽艇。我又說他的汽車也許拖不動汽艇，於是我帶他去汽車部，賣給他一輛大車。」

經理喜出望外，問道：「那人只是來買一枚釣鉤，你竟能向他推銷那麼多東西？」

售貨員答道：「不，其實是他老婆偏頭痛，他是來為她買一瓶阿司匹靈的。我聽他那麼說，便告訴他：『這個週末你可以自由自在了，為什麼不去釣魚呢？』」

一個售貨員能從顧客購買幾片阿司匹靈，到成功地推銷出價值五點八萬美元包括小船、大車等在內的大宗商品，推銷的過程並不複雜，看上去也沒有什麼高深的行銷技巧，但他確實瞭解到了顧客內心深處的需求，並挖掘出來，才會達成如此成功的銷售。

「以客戶的標準爲標準，超越客戶的期望，我們的行銷才能獲得成功」。由此也可以看出，超級行銷員和普通行銷員的差別並不大，就看你是否站在顧客需求的立場上說話，而這恰恰是我們經常忽略的。

因此，「堅持以客戶爲中心」、「站在客戶的立場上設計需求，而不是追著客戶問需求」，是當今企業爲客戶提供優秀服務、滿足客戶正確需求、達到買賣雙方共同目的的一大新理念，對於促進雙方合作的高效率有著不可估量的作用。

由此可見，通常情況下，服務和產品的提供者比客戶要專業得多。我們以客戶爲中心，就是要站在有益於對方的立場上，提出各種建議方案供其選擇，同時並挖掘潛在需求，而不是天天追著問需求。只有這樣，在提高溝通效率，保證服務品質的同時，一個公司才能永續發展下去。

黃金法則03 利潤不是目的，只是結果

企業要是只是追著利潤跑的話，不僅會使領導者迷失方向，還會造成經營文化氛圍的混亂，甚至有時候還會失去員工的信任，以至危及企業的生存。因此，在真正的企業家眼裡，利潤不是目的，只是結果罷了。

企業家不等於商人。商人是什麼？白居易給出的答案是「商人重利輕別離」，在白居易看來，商人是一個重利輕義的群體——這也許是古人「重農輕商」的原因之一。因爲利益至高無上，所以商人最愛說的一句話是「追求利潤最大化」。追求利潤沒有問題，但是「利潤最大化」就有問

題了，他可能不擇手段，鮮廉寡恥。馬克思有一段關於資本的表述，用在商人身上再貼切不過，他說：「當利潤達到百分之十的時候，他們將蠢蠢欲動；當利潤達到百分之五十的時候，他們將鋌而走險；當利潤達到百分之一百的時候，他們便敢於踐踏人間的一切法律；當利潤達到百分之三百的時候，他們敢於冒絞刑的危險。」

但是，企業家不是這樣，企業家是一個實現社會責任、追求人類使命的群體。利潤不是企業家經營企業的唯一目的，只是企業家在實現社會責任、追求人類使命之時附帶的結果。因此，企業家和商人最大的區別，在於對金錢的態度。作爲一名真正的企業家，他們覺得只有開拓更大的市場，將企業發展的更大更好才是真正的成功，而利潤只是一種結果，只是他們努力奮鬥的片面表現而已。

企業發展時要克制貪心，做到適可而止。不要追逐利潤的意思是，企業不能只是一味地追求利潤的增長，而要在追求發展的道路上始終堅持企業賴以發展的基本原則，要承擔社會責任。在現代社會中，傳統的企業利己主義和單純地追求利潤受到社會的批判。企業不僅是由職工、經營者和投資者爲主體組成的經濟組織，也是一個包含顧客、供應商、競爭者、政府等要素在內的開放系統。企業不應單純追求利潤，而應在必要時割捨一定的利潤，承擔其在環保、就業、社會穩定等方面相應的責任，並對顧客做出讓利。由此而保持自己在公眾中良好的形象，這樣利潤就能跟著你跑。否則，以強調和追求利益爲目標的企業，只會贏了今天輸了明天。

我們知道，思維決定行爲，行爲決定結果。營利只是經營企業的其中一個最終結果，而不是人生的目的。作爲企業家，你所擁有的社會資源遠遠超出了普通百姓，那麼你所承載和擔待的社會責任，就應和你所擁有的社會資源相匹配，因此你不能以普通百姓的境界來衡量自己，而應該將人生的目的設爲超越利潤的追求，做一個有使命感，有責任心，懂得愛與奉獻，並充分贏得社會尊敬的人。這就是正確的思維導向。假如我們的思維導向錯位，勢必導致行爲脫離道德軌道。行爲一旦脫軌，結果可想而知。

前國美電器掌門人黃光裕，中國的「商業帝國」，三十六歲登上胡潤百富榜，成為中國大陸首富。毫無疑問，黃光裕的確是一位商業奇才。然而，黃光裕卻是個非常自私的人。他很少關心社會公益事業，唯利是圖。二〇〇四年黃光裕從商業零售進軍資本市場，旗下公司分別在香港和大陸借殼上市。但他進入資本市場卻只有一個目的，即集中自己的一切優勢和資源來操盤股票。所以他也是中國股市的第一大操盤高手。其操盤股票量之大，無人出其右。他大量操盤股票的目的僅是為了供自己租遊輪去公海參加國際豪賭。他將股民們的血汗錢和大量社會資源用於個人揮霍，甚至狂言：「人的發展問題，看你是貪心多還是野心多，或者霸氣多，再一點，看你有沒有那個膽量。」這就是黃光裕的思維，一種完全脫離道德軌道的思維！其結果呢？是鋃鐺入獄。

巨額財富為何常常與道德底線的崩潰如影隨形？難道財富與道德就

無法共存？答案是否定的！

約翰・哈佛一六三五年所捐助的哈佛大學，對世界的經濟、政治、文化、科學和高等教育都產生了重大的影響。他是一個受到歷史尊敬的人。

比爾・蓋茲至今已爲世界各地的慈善事業捐出了近兩百九十億美元的財富。他在倫敦慶祝自己五十歲生日的時候，對在場的記者表示，名下的巨額財富將全部捐獻給社會，而不會作爲遺產留給兒孫。他是一個受到全世界讚譽的人。

華人富豪李嘉誠先生，自一九八一年創立汕頭大學，至今對大學的捐贈有數十億元之巨。一九九七年北京大學百年校慶，他一人捐贈一千萬美元，支持新圖書館的建設。二〇〇五年李嘉誠還向香港大學醫學院捐出了十億元港幣以資助醫科學生和醫學研究用。他先後獲得中國北京市、汕頭市、廣州市、深圳市、南海市、佛山市、珠海市、潮州市及加拿大溫伯尼市榮譽市民稱號。他說：「一個有使命感的企業家，應該努力堅持走一條正道……我的錢來自社會，也應該用於社會。」所以李先生是一個贏得社會愛戴的人。

可見，企業家最後的勝利不是營利，而是贏得人心，贏得社會的普遍尊敬。企業若爲了追求短期利益不尊重消費者或社會的利益，勢必也得不到消費者或社會的認可。所以企業在追求利潤的同時，不能損害消費者或社會的利益，這樣才會源源不斷的得到顧客的心，企業才會有長遠發展的潛力，只有真正把顧客利益放在首位，真正尊重消費者權益，承擔社會責任的企業才會被社會所認可，從而讓利潤跟著企業跑。企業家要明白只有愛心鑄就的事業才能得到永恆。

對於企業的發展，企業家樹立正確的經營目標尤其重要，如果只爲了片面追求利潤，損害消費者利益，毀壞企業自身形象，破壞生態環境，必然帶來惡劣的社會效應，這樣惡性循環，企業最終還是沒有利潤可以追逐。要是企業能樹立正確的經營理念，把顧客利益放在首位，讓消費者滿意，承擔社會責任，企業有了經濟和社會效益，就不用追逐利潤，利潤也會跟著企業跑。

所以，想獲得更大的利潤，想成爲一名真正的企業家，首先應樹立正確的信念，不要將利潤當成一種目的，它只是一個結果罷了。

黃金法則04

著眼長遠培養市場，發展策略計畫

鼠目寸光，沒有遠見卓識的人是永遠不會有大成就的。同樣，一個企業的管理者只顧當前眼下的利益，卻不為企業的未來做好規劃，那麼這個企業就很難走得很遠。企業的領導者應該有一雙明亮的眼睛和長遠的志向，設計好自己企業未來要走的路。

企業策略是設立遠景目標並對現實目標的軌跡進行總體指導謀劃，屬宏觀管理範疇，具有指導性、全域性、長遠性、競爭性、系統性和風險性六大主要特徵。企業的競爭力正是取決於管理者的策略修煉，創業者必須做好策略上的抉擇，塑造出企業的核心競爭力，善於分析和把握策略環境，做好策略規劃。

策略規劃的內容由三個要素組成：

一、方向和目標

領導者在設立方向和目標時雖有自己的價值觀和抱負，但是他不得不考慮外部環境和自身能力，最後確定的目標總是這些條件的折衷，這往往是主觀的。一般來說，企業最後確定的方向目標，絕不是一個人的願望。

二、約束和政策

這就是要找到環境和機會與自身組織資源之間的平衡。要找到一些最好的活動集合，使它們能發揮組織的長處，並最快達到目標。這些政策和約束所考慮的是現在還未出現的機會，所需要的資源則是正在尋找的資源。

三、計畫與指標

這是近期任務。計畫的目的在於進行機會和資源的匹配。但是這裡考慮的是現在的情況，或者說是不久的將來的情況。由於是短期，有時可以做出最優的計畫，以達到最好的指標。

策略規劃內容的制定處處體現了平衡與折衷，要在平衡折衷的基礎上回答以下四個問題：

我們要做什麼？What do we want to do?

我們可以做什麼？What might we do?

我們能做什麼？What can we do?

我們應當做什麼？What should we do?

這些問題的回答均是領導者個人基於對機會的認識，基於對組織長處和短處的個人評價，以及基於自己的價值觀和抱負而做出的回答。不僅限於現實，而且要考慮到未來。策略規劃是分層次的，正如以上所說策略規劃不僅在最高層有，在中層和基層也應有。一個企業一般應有三層策略，即公司級、業務級和執行級。每一級均有三個要素：方向和目標、政策和約束，以及計畫和指標。

往往一個好的企業策略規劃應包含以下目的：

一、剖析企業外部環境。

二、瞭解企業內部優勢和劣勢。

三、幫助企業迎接未來的挑戰。

四、提供企業未來明確的目標及方向。

五、使企業成員明白企業的目標。

六、擁有完善策略經營體系的企業有更高的成功機率。

同時，管理者在驗證一個制定好的企業策略規劃是否有效時，應該從以下兩個方面進行考慮：一方面是策略正確與否，正確的策略應當做到組織資源和環境的良好匹配；另一方面是策略是否適合該組織的管理過程，也就是和組織活動匹配與否。

一個有效的策略一般有以下特點：

一、目標明確

策略規劃的目標應當是明確的，其內容應當使人得到振奮和鼓舞。目標要先進，但經過努力可以達到，其描述的語言應當是堅定和簡練的。

二、可執行性良好

好策略的說明應當是通俗的、明確的和可執行的，它應當是各級主管的嚮導，使各部門均能確切地瞭解它、執行它，並使自己的策略和它保持一致。

三、組織人事落實

制定策略的人往往也是執行策略的人，一個好的策略計畫必須有好的人員執行，它才能實現。因而策略計畫要求每個層級逐步落實，直到個人。高層領導者制定的策略一般應以方向和約束的形式告訴下屬，下屬接受任務，並以同樣的方式再告訴下屬，這樣一級級地細化，做到深入人心，人人皆知，策略計畫也就個人化了。個人化的策略計畫明確了每一個人的責任，可以充分激發每一個人的積極性。一方面激勵大家動腦筋想辦法，另一方面也增加了組織的生命力和創造性。在一個複雜的組織中，只靠高層管理者一個人是難以識別所有機會的。

四、靈活度高

一個組織的目標可能不隨時間而變，但它的活動範圍和組織計畫的形式無時無刻不在改變。現在所制訂的策略計畫只是一個暫時的方案，只適用於現在，應當進行週期性的校核和評比，靈活性高使之容易適應變革的需要。

德州儀器曾經就遇到過多元化發展的誘惑。該公司是發明單晶片處理器最早的企業，這一發明代表著個人電腦時代的來臨，也奠定了德州儀器公司在產業中的地位。一九八〇年代前期德州儀器一直是全球第一大半導體公司，經營涉及筆記型電腦、企業軟體、列印業務、國防工業、數位訊號處理器等多項業務。各個業務板塊發展都不錯，但並不是最好，各業務在業內排名皆在十名左右，只有數位訊號處理器業務排名業內第一。

公司高層曾經為是否維持這種發展局面召開過多次會議，經過慎重選擇，他們決定將筆記型電腦、國防工業等業務全部賣掉，將全部精力與資金投在DSP（數位訊號處理器）ANALOG（模擬）領域。他們認為，未來市場競爭將會更加激烈，只有全力以赴才能成功。所以，他們選擇了最具有前景的數位信號和類比領域。

這一策略是成功的，它使德州儀器創造了今天在半導體領域的輝煌基業，在全球半導體公司排行榜中，德州儀器則以年營收近一百三十四億美金的規模，成為位居英特爾和三星之後的世界第三大半導體供應商。在通信晶片領域德州儀器堪稱霸主，全球約百分之五十的GSM手機晶片市場佔有率無人能敵。

德州儀器的發展策略顯然是成功的。市場形勢是多變的，未來也變幻莫測，德州儀器的領導者使企業在多變的市場中始終走在清晰、科學的發展道路上。成功的發展規劃和成功的策略，將會爲企業的未來提供合乎邏輯的方法。

一個企業想獲得持久的競爭優勢，就必須訂立清晰的策略。

從競爭角度來看，策略對於企業有以下重要意義：

一、由於企業確定了未來一定時期內的策略目標，只要各級人員都能夠知曉企業的共同目標，就可以增強企業的凝聚力和向心力。

二、由於企業明確定義了未來各個階段的工作重點和資源需求，從而使組織結構設計和資源整合更具有目的性和原則性，進而可以保持組織機構與策略的匹配性，更加優化資源，有利於實現資源價值最大化。

三、由於企業明確了未來一定時期內各城市、各業務單位的職能策略，從而使各職能部門、專案組織都能夠清楚地瞭解自己該做什麼，進而可以激勵他們積極主動地達到目標。

四、由於企業明確了利益相關者、競爭者和自身的優勢、劣勢、機會、威脅，從而使企業可以從容地應對機遇的誘惑和市場變化，有利於企業改進決策方法，提高風險控制能力和市場應變能力，進而有利於提升企業的持久競爭力。

策略很重要，管理者對企業的發展思考一旦停止，企業就會駛向下滑的方向。管理者對於企業發展的思考，不是好高騖遠，不是個人興趣，不是一時衝動，是在正確評估企業資源和條件，並以科學方式發展安全的航道。

黃金法則05 不佔熟客便宜

做生意，親朋好友來捧場，一定要按照正常價格，或稍微優惠的價格來收取費用。這不但符合商業理性，也能鼓勵他們持續來捧場。最為忌諱的就是佔熟客的便宜，這種行為往往帶來的後果便是引起熟人反感，最終導致他們再也不會光顧自己的生意，甚至可能引發交情破裂的危機。

很多做生意的人喜歡對熟人下狠手，給朋友的價格甚至比平時的賣價還要高很多，非常不厚道。有朋友介紹生意給你，這是好事，畢竟是朋友，不好意思還價，也因爲信任所以買東西爽快。很多人就是利用這一點對熟客下手，朋友又不是傻子，事後總會知道的。因此做生意的人千萬不要貪圖眼前的便宜，結果得罪了人，又斷了以後的財路。

「衣不如新，人不如故」、「人熟爲寶」，這些向來是人們堅守信奉的觀念。熟悉，相對來說就比較瞭解，知根知底，進一步也可能有情有義。人情、鄉情、友情，都在熟裡面。可以說，熟是情的前提，因熟而生情。熟，是「關係」的另一種表達。拉關係，找關係，建立關係，利用關係，首先都需要熟悉，人熟才好搭上話，辦事才容易成功奏效。有的人熱衷於「感情投資」、「聯絡感情」，就是對用得著的人，先千方百計地用物質「好處」當橋樑攀上，進而混熟了，到關鍵時刻再去謀取個人利益。

我們在創業的時候，難免會有不少親朋好友前來捧場，特別是在餐飲、服裝、開店之時，此類事例更爲多。在絕大多數情況下，他們前來消費，是爲了照顧我們的生意，如果我們趁機謀取不當利益，會使對方感覺不舒服，此後他們不但不會成爲死忠顧客，還可能傷了平時好不容易才累積下來的感情。

如今，隨著商界競爭的日趨激烈，企業生存手段花樣繁多，在極端自私自利及個人主義的驅使下，「熟人」漸漸已經成爲一些人直接獲利的目標。大家絞盡腦汁、不擇手段地專賺、專騙熟人錢物，損人利己——損熟人而利己。而佔熟人便宜，恰恰是利用了人們對朋友的信賴，因熟而失去警惕，丟掉防範。可見，「熟」並不保證誠信，正相反，「熟」常常更容易成爲人家獵取的對象。

「商海很殘酷，情感有時候形同虛設，稍有不慎就會掉進陷阱，而且是朋友的陷阱。」這個現象在當今商業往來中也不鮮見，眾多企業和個人因此蒙受巨大損失。一些投機商人利用自己長期構建的信用假像，博得合作夥伴信任後，向熟人下手，從而獲得不當利益。人們在日常經濟活動中，一定要擦亮眼睛，小心謹慎。風險意識時刻不能丟，即便是熟人，也要理性對待，妥善管好自己的錢財。

另外，對高階主管的拉攏也常借助熟人效應。以賄賂爲例，素昧平生、形同陌路，誰肯爲你送錢送物？即使送了，誰又有膽子收？所以一定要有個從生變熟的過程。一旦掌了權，便有人想利用你，腐蝕坑害你，也會出現不少攀親結友的人。若是用得著，便與你套關係，等到用不著了，就會對面不相識。大凡接受賄賂者，一般都是因爲與賄賂者熟悉，或經人介紹，才敢膽大妄爲地收取錢物，覺得萬無一失。而一旦事情敗露，也正是經那些原以爲是「朋友」「死黨」的熟人招供指證，才東窗事發，落得個眾叛親離的可悲結局。

儘管如此，現實生活中迷信「熟人效應」的現象仍屢見不鮮，因此而敗北破落的例證也比比皆是。某些企業之所以失敗，其中一個重要原因就是內部關係複雜，牽一髮動全身。親情大於王法，規章制度行不通，管理混亂，真正人才的作用得不到發揮。有的公共部門內部也是以親畫線，排斥異己，相互勾結，同流合污。從經濟犯罪者由過去的單打獨鬥，到如今的集團犯罪，足以說明「熟」在其中的惡劣作用。

其實，在商言商，經商就應該遵守商務邏輯，無論是經營著小百貨，還是經營大公司，無論親友們出於什麼樣的態度前來消費，還是向關係再好的企業合作夥伴尋求合作，都應該按照誠實守信，以買賣分明的態度來對待，不要做一些損人不利己的事，否則別說買賣關係很難維持下去，恐怕原有的情分都會受到影響，甚至還會觸及法律的底線。

熟的最大弊端是消弭原則、製造漏洞。原以爲人熟一通百通，萬事便利，實際是人熟一葉障目，難辨真僞。看得最清的並不是離自己最近的目標。不借助工具，誰的眼睛能看清自己的眉毛？因此，距離產生美感，距離也好識別真假。掙脫熟絡的窠臼、走出人情的泥沼，從根本上防範、解決「熟」的羈絆，還要提倡做事依據規則。親疏無礙，遠近皆宜，不管是誰，生也好，熟也罷，生熟都不能成爲辦事的條件和標準，一切以原則爲尺度。而且，一定要把黑箱運作變成陽光法案，公開才能公平、公正，有利於防範陷阱泥潭。

總而言之，經商最講究的就是誠信。一旦企業的誠信缺失，這個企業肯定很難長久發展下去。提高產品的品質、完善企業的服務、增加企業的誠信度，才是一個企業發展的長久之計！

黃金法則06

善用二八法則降低行銷成本

二八法則無時無刻不在影響著我們的生活，然而人們卻對它知之甚少。二八法則究竟能帶給人們什麼呢?它可以教給人們獨特的思考方向與分析方法，可以讓人們針對不同問題，採取明智的行動。凡是認真看待二八法則的人，都會從中得到有用的思考和分析方法，可以更有效率的工作，甚至會因此而改變命運。

一八九七年，義大利經濟學者帕雷托偶然注意到十九世紀英國人的財富和收益模式。在調查取樣中，他發現大部分的財富流向了少數人手裡，同時他還發現了一件非常重要的事情，即某一個族群佔總人口數的百分比和他們所享有的總收入之間有一種微妙的關係。他在不同時期、不同國度都見過這種現象。不論是早期的英國，還是其他國家，甚至從早期的資料中，他都發現這種微妙關係一再出現，而且在數學上呈現出一種穩定的關係。這就是著名的二八現象：社會上百分之二十的人佔有百分之八十的社會財富，也就是說財富在人口中的分配是不平衡的。反映在數量比例上，大體就是二比八。這就是應用很廣的二八法則。

無論是在日常生活中還是在經營管理著一個公司或者一群工作人員，我們只要認清、看清並且控制著重要的少數部分，即能控制全域。商家往往會認爲所有顧客一樣重要，所有生意和產品都必須付出相同的努力，所有機會都必須抓住。而「二八法則」恰恰指出了在原因和結果、投入和產出、努力和報酬之間存在的這種不平衡現象：市場上百分之八十的產品可能是百分之二十的企業所生產的；對於一個產品而言，百分之八十的功能，往往是來自於百分之二十的零件，比如飛機和汽車的發動機；百分之二十的顧客可能爲商家帶來百分之八十的利潤；百分之八十的產出，來自於百分之二十的投入；百分之八十的結果，歸結於百分之二十的起因；百分之八十的成績，歸功於百分之二十的努力，等等。二八法則就是告訴我們在觀察和分析事物時，要善於在普遍矛盾中發現特殊矛盾，對待事物要抓住重點，抓住主要矛盾。

在企業經營中，二八法則是提高效率、降低行銷成本、實現科學系統管理的制勝法寶。二八法則在企業的實際應用中，主要體現在如下幾個環節：

一、二八管理法則

企業主們要抓好百分之二十的中堅力量，再以百分之二十的少數帶動百分之八十的多數員工，以提高企業效率。從企業管理的角度講，二八法則實際側重的是「榜樣的力量」。企業百分之八十的效益是由百分之二十的核心員工來完成的，這百分之二十的關鍵員工是企業中的樑柱，藉由他們積極主動的工作與活動，來帶動整個團隊的活力，從而爲整個企業創造價值。

二、二八決策法則

抓住企業普遍問題中最關鍵的問題進行決策，以達到綱舉目張的效應。

從企業決策的角度來講，二八法則主要側重於抓住關鍵問題進行有效、正確的決策，企業的運行過程中，幾乎每天都有很多問題需要決策，但是能夠左右企業發展方向和成敗關鍵的只有幾個，若能善於認清「關鍵問題」，進行正確的決策，無疑對整個企業的發展將有深遠的影響。

三、二八融資法則

管理者要將有限的資金投入經營重點項目，並不斷優化資金投向，提高資金使用效率。

二八法則在企業資金運作中主要體現在：將有限的資金和資源，投放到關鍵的專案，也就是優化投資結構、加快企業資金的周轉和利用率。

現代化企業拼的是速度，「以速度衝擊規模」是現代企業所宣導的全新理念。當你還在抱怨企業資金不足的時候，早已經有很多企業家把眼光放在提高資金周轉速度和資金利用率上了。可見，優化資金投向、提高資金使用效率，「以速度衝擊規模」，是企業健康、良性發展的關鍵。

四、二八行銷法則

經營者要抓住百分之二十的重點商品與用戶，滲透行銷。

二八法則在行銷環節中，主要體現爲兩個方面，一是重點產品，二是關鍵客戶。企業百分之八十的銷售是由百分之二十的重點商品完成的；百分之八十的銷量是由百分之二十的核心客戶完成的，無論是廠商或者商家，都要明白這個道理。比如，冰箱產品線規劃，幾十款冰箱產品，產品線很長、很豐富。豐富的產品線是爲了滿足不同區域、不同消費者的需求，但是經過每個月的銷售結構統計你會發現，一定是有百分之二十的產品佔總體銷量的百分之八十，展台上擺放二十多款冰箱產品，其實每個月主要銷售的也就是那麼幾款。

明白二八法則在行銷中的應用原理至關重要，作爲經銷商，要根據各區域的特點，看準核心產品進行主推，二八管理法則的要旨在於把握百分之二十的經營要務，明確企業經營應該關注的重要關鍵，從而指導企業家在經營中抓住重點、全力進攻、以點帶面，以此來帶動企業各項經營工作順勢而上、取得更好成效。作爲廠商和代理商，則要努力做到：當公司員工需要查看某客戶的資訊時，能夠敏銳地判斷出該客戶是屬於最有價值的百分之二十，還是另外的百分之八十。許多企業忠誠地相信每一個客戶都至關重要，所以給所有的客戶以平等的待遇。而這樣做的結果是在百分之八十低價值客戶身上浪費了太多的資金和時間。

二八企業行銷法則不是教公司把客戶分爲三六九等，也不是歧視客戶，而是爲了公司生存和發展的需要，採取相對較正確的策略做好行銷管理。只有這樣，才能保留高價值核心客戶，保證一定的投資回報率，把握並充分利用客戶資源。

遵循二八法則的企業在經營和管理中往往能抓住關鍵的少數顧客，精確定位，加強服務，達到事半功倍的效果。美國的普爾斯超市始終堅持會員制，就是基於這一經營理念。許多世界著名的大公司也非常注重二八法則。比如，通用電氣永遠把獎勵放在第一，薪金和獎勵制度使員工們工作得更快、也更出色，但只獎勵那些完成了高難度工作指標的員工。摩托羅拉認爲，在一百名員工中，前面二十五名是好的，後面二十五名差一些。對於後二十五人，要爲他們提供發展的機會；對於表現好的，則要設法保持他們的激情。

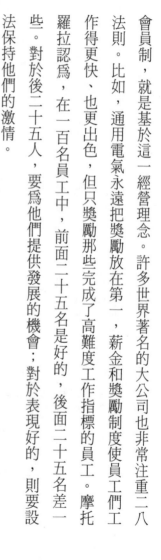

簡而言之，二八法則所提倡的指導思想，就是「有所爲，有所不爲」的經營方略。將八十／二十作爲確定比值，就說明企業在管理工作中不應該事無鉅細，而要抓住管理中的重點，包括關鍵的人、關鍵的環節、關鍵的崗位、關鍵的專案。胸有大志的企業家，就應該把企業管理的注意力集中在百分之二十的重點經營事物，採取傾斜性措施，確保重點突破，進而以重點帶全面，取得企業經營整體進步。

這一管理法則之所以得到國際企業界的普遍認可，就在於它向企業家們揭示了一個真理：想創建優良的管理模式，爲企業帶來效益，就要使自己的經營管理放在真正的重點上，所以首先必須弄清楚企業百分之二十的經營關鍵力量、百分之二十的重點產品、百分之二十的關鍵客戶、百分之二十的重點資訊以及百分之二十的重點專案到底是哪些，然後將注意力集中到這百分之二十上，採取有效的措施，確保關鍵之處得到突破，進而以重點帶動全域。

在美國、日本的一些國際知名企業裡，管理階層都很注重運用二八法則進行經營管理的運作，隨時調整和確定企業階段性百分之二十的重點經營要務，按照二八法則的指導，力求採用最高效率的方法，使附屬子公司的經營重點也能得到凸顯。這也就是爲什麼美國和日本的企業雖然很大，卻管理得有條不紊，而且績效優良。二八管理法則的精髓就在於使那些重點經營要務在傾斜性管理中得到凸顯，並有效地發揮帶動企業全面發展的領導作用。

由此看來，二八法則會爲任何一家公司帶來新希望。作爲企業的管理者，正確的認識二八法則、合理的運用二八法則，把全部的精力放在關鍵問題上，切忌用陳腐的舊觀念進行經營管理，不要認爲企業對所有一切都應該傾注全部的精力。這樣不僅能將企業帶向好的方向，更可以使公司在降低企業運營成本的同時，也帶來更多的利潤，創造更大的價值。若管理者做事總是不分主次、一概而論，結果將是耗費了百分之八十的資源和精力，卻只能產生百分之二十的價值。

黃金法則07

口碑決定企業能否強大

老客戶如同一個企業產品的免費動態廣告，對於好的產品，老客戶會一直選擇，同時也會介紹推薦給自己身邊的人；口碑的力量是用金錢買不到的，一個好的口碑會取得無數消費者的信任，會引發消費者持續的購買欲望。因此，發展老客戶和口碑的力量，會為企業快速發展提供便利的管道。

越來越多人開始意識到口碑非常重要。到底重要到什麼程度？最近，某研究中心調查發現：百分之八十四的網購消費者會跟朋友分享購物資訊，百分之八十八的網購消費者會搜尋與品牌商品有關的消費者口碑。此前，麥肯錫的資料顯示：百分之六十四的消費者認爲「口碑影響消費決策」。由此可見，口碑已經成爲影響消費決策的關鍵因素。

早在行銷成爲一門學科之前，老客戶和口碑的力量已經影響千年了。在農業文明時期，所謂的品牌就是口碑，是口口相傳的評價，是社會輿論的一部分。朋友對一件事或者一個人的看法，往往會成爲影響當事人看法的重要依據。用社會學的術語來解讀，所謂口碑，就是某件事或者某個人「社會資本」的一部分。

在現代社會，「口碑」的力量依然存在，甚至更加強大。我們經常聽到某個品牌斥資千萬，在各大媒體上做廣告，結果卻因爲口口相傳的負面言論，導致這些辛苦樹立起來的品牌形象毀於一旦，而這些口口相傳者很可能便是產品的老客戶。如今網際網路加強了「口碑」的力量，在網際網路時代，人們更傾向於相信一個陌生消費者的言論，而不是官方說法，這就是口碑行銷的新趨勢。蘋果的前CEO賈伯斯可能是最會利用「口碑行銷」的企業家了，無論是ipod、iphone還是ipad，蘋果每推出一款產品，總是會營造出一些話題，並培養出一批忠實的「果粉」，發展出一批老客戶。這些消費者是如此忠誠，以至於他們會在各種場合宣揚蘋果的產品，以及其背後代表的文化和價值觀。正是賈伯斯對「口碑」行銷的應用，造就了蘋果持久不衰的成功。

由此看來老客戶和良好的口碑，對於絕大多數公司，特別是處於初創期的專案來說，是非常重要的。但很多創業者在這個方面說得多做得少，認爲這樣得不償失。沒有老客戶，口碑不太好，也並不意味著專案堅持不下去，但經營狀況肯定不會理想，發展速度自然要慢得多。

在社會網路化時代，口碑比以往任何時候都更具價值，因爲越來越多的消費者同時擁有線上線下兩套人際網路，資訊不僅通過線下的人際網路傳播，還可能通過線上的人際網路傳播，並且傳播得更快、更遠。

在這個年代，微博浪潮正發揮著口碑的強大傳播力。電影《讓子彈飛》播出後，在新浪微博上的評論超過一百一十九萬條，在騰訊微博上的評論超過九十六萬條。其中大部分的微博對電影評價都是交口稱讚。試想，這上百萬條評價在經過口口相傳後，會產生什麼樣的結果？很顯然，電影的美譽度直線上升。相當一部分人是受到評價的吸引而走進電影院，良好的口碑對票房收入無疑發揮了重要貢獻。

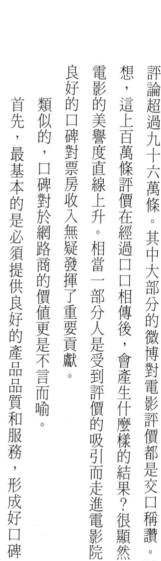

類似的，口碑對於網路商的價值更是不言而喻。

首先，最基本的是必須提供良好的產品品質和服務，形成好口碑。否則，口碑將成爲無本之木，無源之水。在這方面，二〇一一年百大網路商郝煥芬特別有感觸。在新疆生活工作了幾十年的她，因爲一個非常非常偶然的機會，開始透過網路賣新疆紅棗。沒想到才一年多就獲得了八千多筆訂單。其實，她對網路商店並沒有進行特別的行銷，幾乎全都靠口碑。郝煥芬賣的紅棗都來自妹妹家在新疆的一千畝棗園，棗子不但大而且味道甜，口感特別好。不少買家在品嘗後非常滿意，一次又一次地回購。最多一天回頭客超過百分之五十。「紅棗好大一個，圓圓的，是自然風乾，就是喜歡這個味道。」一位買家對紅棗讚不絕口。因爲紅棗口感好，服務也好，該網路商店幾乎沒怎麼打廣告，光靠老客戶口碑相傳就不斷吸引新客戶的到來。

其次，不斷創造讓客戶參與的機會而形成好口碑。讓他們參與行銷、設計甚至製造等環節。女裝品牌網路商店七格格有著各式各樣的促銷行動。七格格舉辦「唯我獨潮」T恤設計大賽，公司將爲冠軍得主註冊自己的品牌，前三名獲獎者可成爲簽約設計師。此外，七格格在正式發佈新款前，常常將設計圖上傳到網路商店，請粉絲們討論和投票，然後選出大多數人喜歡的款式進行修改，最後定款上架。如今，七格格的粉絲已經超過二十萬人，她們叫「格女郎」，還成立了「格格幫」，在淘幫派中熱烈地交流、分享。藉由這些形式多樣的活動，買家們充分體驗到參與和表達的樂趣，七格格也因此與買家們建立起融洽的互動關係。良好的口碑效應自然水到渠成。

良好的口碑需要時間沉澱，更有賴於網路商家們的真心服務和用心投入。當你發現越來越多的新客戶是經由老客戶的介紹而來，口碑的價值即開始顯現。談到這裡，也許有很多朋友會產生疑問，像如今的電子商務、超市、飯館、便利商店和髮廊等，從食品、飲料、水果到服裝這樣的快速消費品，本來就相對容易產生回頭客；對於冰箱、洗衣機、電腦這樣生命週期較長的用品，也可以因爲關聯產品和分銷管道而得到回頭客；那麼像房子、地板、瓷磚和裝修這樣的消費，無論做的是好是壞，客戶很有可能這輩子就消費一次，有必要做得那麼好嗎？其實隨著時代的變遷，消費者的需求也在發生改變。以前消費者需求與購買行爲的五個階段是AIDMA，即A（Attention，關注）、I（interest，興趣）、D（Desire，欲望）、M（Memory，記憶）、A（Action，行動），而現在，消費者的行爲已變爲A（Attention，關注），I（Interest，興趣）、S（Search，搜尋）、A（Action，行動），S（Share，分享）。

比如，房子在裝修時準備購買地板，當消費者對某品牌地板感興趣時，他們會主動上網搜索，會得到某品牌地板在網路許多的評價，評價有好的也有壞的，好的佔多一點，消費者相對願意採取購買行動。壞的佔多

一點，就會放棄購買行爲，重新選擇地板品牌，繼續在網路上搜索，直到找到符合需求的產品再採取購買行動。購買後還會主動在網路上和親朋好友分享該地板品牌帶給自己的體驗，不管這種體驗是好是壞。一項權威調查表明：一個滿意的顧客會引發八筆潛在的買賣，其中至少有一筆可以成交；而假如經歷是負面的，他們也會告訴別人，一個不滿意的顧客足以影響二十五人的購買意願。由此可見透過「用戶告訴用戶」的地板口碑影響力可見一斑。而網上的傳播速度更快，傳播範圍更廣。因此，對於一輩子可能只買一次的產品，廣大消費者會更加注意、更加小心謹慎的挑選，更加關注用過買過的人的感受，此時企業更應該注重產品的品質，注意培養產品在市場上的口碑。一旦某個費用高、家庭只需要購買一次的產品沒有好的口碑，可想而知這個企業只剩下倒閉一途了。

總而言之，企業的管理者應該注重口碑的力量，也應該深刻體會與認識口碑行銷的作用。

口碑行銷具有以下幾點特點：

一、可信度非常高

一般情況下，口碑傳播都發生在朋友、親友、同事、同學等關係較為親近或密切的群體之間，在口碑傳播的過程前，他們之間已經建立了一種特殊的關係和友誼，相對於純粹的廣告、促銷、公關、商家推薦等而言，可信度要高很多。

二、傳播成本低

口碑行銷無疑是當今最廉價的資訊傳播工具，基本上只需要企業的智力支援，不需要其他更多的廣告宣傳費用。與其不惜鉅資投入廣告、促銷活動、公關活動來吸引消費者的目光以產生「眼球經濟」效應，不如利用口碑這樣廉價而簡單奏效的方式來達到這個目的。

三、具有團隊性

不同的消費群體之間有不同的話題與關注焦點，因此各消費群體構成了一個個攻不破的小陣營，甚至是某類目標市場。他們有相近的消費取向，相似的品牌偏好，只要影響了其中的一個或者幾個，在這個溝通途徑無限多樣化的時代，資訊馬上會以幾何級數的增長速度傳播開來。

因此，對於企業而言，無論生產銷售何種產品，在注重生產量的同時，一定要嚴格掌握品質，將最好的產品、性價比最高的產品打入市場，贏得消費者的青睞，在老客戶的宣傳下，創建產品良好的口碑，便可以逐步擴大市場，產業當然也會越做越強，同時也省去了很大一部分媒體宣傳的費用。相信口碑的力量，相信品牌的力量！

黃金法則08
抓住關鍵客戶，封殺劣質客戶

關鍵客戶是可以替企業帶來長久巨大利潤的，他們往往是一個企業需要重點培養及關注的客戶；劣質客戶，並非指品行低劣的客戶，而是那些不能為我們帶來利潤的客戶。換句話說就是在我們辛苦服務之後，發現自己倒貼進去很多時間和金錢，卻沒有得到任何回報的客戶。企業應該抓住關鍵客戶，堅決封殺拋棄劣質客戶。

MG集團總裁約克・麥克馬特說：「與百分之二十的客戶做百分之八十的生意。也就是把百分之八十的時間和工作集中，用來熟悉佔總數百分之二十對自己最重要的客戶。」

任何一個企業生產和製造產品的目的都不僅僅是將其賣出去而已，而是為了追求更大的利潤。如果沒有利潤，企業連基本的生存都無法維持下去，談何持續發展及競爭力提高呢？

如何才能擁有更多的利潤？除了加強內部管理之外，當然要從客戶入手。如果沒有客戶，一切企業利潤都無從談起。不同的客戶為企業創造的利潤也是各不相同的，那麼究竟哪些客戶能夠為企業創造更大的利潤呢？這些客戶就是最值得引起企業創業者及所有銷售人員注意的關鍵客戶。關鍵客戶的意義是重大的，企業創業者要分清什麼是客戶價值的優先順序，一定要抓住百分之二十的大客戶，保證它為企業帶來最大經濟價值。

某尖端技術企業，以電子產品和元件的生產及加工為主，在激烈的市場競爭中，企業的生存環境面臨極大考驗，由於處於明顯的競爭劣勢，該企業的銷售額及利潤迅速下滑，管理階層為此焦頭爛額。後來在顧問公司的建議下，該企業果斷進行調整，增強技術研發能力，在確保技術領先的基礎上，加快產品推陳出新的速度，打出服務牌。

這些舉措在一定程度上緩解了企業的生存壓力，但是隨著市場變化，很快又出現新的問題：企業成本投入過高，包括人力成本、物流成本、管理成本等。但企業的利潤水準並沒有隨著技術領先這個優勢而得到提升。痛定思痛，該企業決定調整策略，提出客戶差異化、精細化的運作模式。

首先，以銷售業績和利潤水準為衡量基礎，確定分類標準，對全國客戶進行劃分等級；其次針對不同的價值客戶提供差異化的客戶策略。他們專門為關鍵客戶成立大客戶服務部，當公司有新的市場策略時，他們會邀請這些客戶參與討論。正因為如此，該企業總是能夠利用有限的資源緊緊抓住其關鍵客戶的需求，提供貼身式服務，不斷在產業中擴大領先優勢，僅僅一年的時間，就已經成為產業翹楚。

核心客戶的重要性不言而喻，它決定了企業的資源應當如何分配，以獲得最大的效率，簡單地說就是把錢花給誰。企業不能奢望讓所有客戶滿意，企業資源有限，必須把有限的資源進行合理分配，達到最佳投入產出比。麥當勞就是聚焦於關鍵客戶而取得成功的企業典範。

按照年齡分析，麥當勞的客戶群可以分成：五～十四歲、十五～二十歲、二十～三十歲、三十～四十五歲、四十五歲以上幾類客戶群。一般來說，消費能力越強的越可能是關鍵客戶，按照這種思維，麥當勞的關鍵客戶群應該是二十歲以上的顧客。但是經過研究會發現，麥當勞的關鍵客戶群是五～十四歲之間的孩子。為什麼呢？這裡反映了麥當勞獨特的客戶認知。

在亞洲以及世界各地，外來食品品牌麥當勞很難在短時間內競爭過本地食品，更不可能利用外來食品獲得二十歲以上客戶的長久喜好。成年人的口味已經被固定，很難輕易改變，但兒童的口味則可以輕易被影響。所以，麥當勞把兒童當做是關鍵客戶。但兒童雖是核心客戶，卻缺乏自主意識，於是如何吸引兒童就變成了問題的關鍵。

麥當勞發現，對於兒童而言，在面對吃與玩這兩件事，玩比吃更具有吸引力。因此，麥當勞無論從餐廳裝飾到整體的佈局，都以兒童的喜好為優先。所有的麥當勞均設置有兒童遊樂區，並千方百計地為兒童創造遊戲，充分與兒童進行互動，利用這種具有超強吸引力的服務來深深黏住這些「關鍵客戶」。兒童對麥當勞的百玩不厭、百吃不厭，確保了麥當勞的持續成功。

永遠將焦點放在關鍵客戶上，這就要求創業者扮演兩個極其關鍵的角色：既要成爲客戶的顧問，也要成爲企業的策略家。從客戶角度來說，要瞭解關鍵客戶的優勢和劣勢，幫助客戶分析市場競爭態勢，爲客戶制訂問題的解決方案，最大限度地挖掘出企業客戶的潛力，使自己成爲客戶在企業的支持者。對於創業者來說，關鍵客戶的管理必須要收集、分析客戶的需求和產業的現狀，結合企業自身的實際需要，制訂客戶開發和管理的計畫，確保客戶的滿意。

關鍵客戶就是企業的未來，關鍵客戶是否帶來大利潤，決定著企業的成敗。凡是有美好願景、追求可持續發展的企業，都會對大客戶提供超值服務並進行妥善管理。這樣的企業在服務關鍵客戶時永遠都不會打折扣，因爲對關鍵客戶服務打折扣就是對企業的未來發展打折扣。成功的關鍵客戶服務能夠帶來大利潤，成爲企業高速成長的引擎，同樣地，企業與關鍵客戶建立忠誠的夥伴關係，也會爲創造大利潤提供先決條件。

然而，企業的管理者也應該對劣質客戶有較深層次的認識，以確保選擇並培養正確的關鍵客戶。比如以索賠爲目的的客戶、替企業帶來負利潤的客戶、使企業走向滅亡的客戶等，他們都是企業的魔鬼，是典型的劣質客戶。劣質客戶有以下類型：

一、虧損客戶

企業若對這類客戶提供產品或服務，帶來的結果就是虧損或負利潤。也許這類客戶會說：「這筆訂單你們企業不賺錢，但下一筆你們就會從我這裡賺到許多錢。」這是陷阱式的承諾。企業不能對這類客戶心存幻想，無限度地滿足客戶的需求只會害企業破產。

二、欠款客戶（賴帳客戶）

這類客戶是企業的海市蜃樓，似乎是大客戶、優質客戶，但美豔散盡就一無所有。如企業提供給這類客戶一萬件產品，合約單價是每件一千元，成本價是每件六百元，企業爲此筆訂單支付的綜合成本是六百萬元。履行合約完畢，理論上企業可賺到四百萬元。但此客戶只支付一半貨款，即五百萬元，其餘貨款一律賒欠直到成爲呆帳。結果是，企業不但沒有從這個客戶手上賺到四百萬元，反而爲此虧損了一百萬元。

三、不誠信客戶

這類客戶是指不按合約約定的價款和時間支付款項的客戶，但與欠款客戶又有所區別，他們認帳不賴帳。如合約約定，貨到指定地點後三十日內支付全額款項，而此類客戶不是在三十日內只支付一半款項，就是在三個月後才支付全額款項。

四、小客戶

這類客戶雖能爲企業帶來利潤，但也可能影響企業獲取更多的利潤，並遏制了企業的發展壯大。企業提供產品或服務給重點客戶，在一個月內能賺到一百萬元，但與小客戶合作在相同的時間內只能賺到一萬元，此時就要思考值不值得。企業最寶貴的三大資源是：人才、時間、資金，企業不應把資源浪費在此類客戶的身上。

以上四類劣質客戶不但不是企業的天使，前三類甚至可說是企業的魔鬼。賺錢有如針挑土，花錢好似水推沙，企業不賺錢就只有死路一條。因此，劣質客戶既是魔鬼又是殺手，企業當然應該毫不留情的拋棄、封殺他們。

現在市場競爭激烈，環境變化異常，關鍵客戶的管理越來越重要，只有充分把握住關鍵客戶，剔除不能帶來利潤的客戶，這樣企業才能真正發展。

所以，無論公司大小，創業者都應該重視關鍵客戶的管理，堅決封殺劣質客戶。如果你的公司在關鍵客戶管理上至今尚未著手或者還處於任何級別客戶都通吃的狀態，那麼你應該儘快重視這個問題，積極地實施計畫，並針對關鍵客戶的需求特點，制訂出令客戶感到滿意的個性化方案，切忌把時間浪費在劣質客戶身上。

黃金法則09 不能滿足客戶需求，就盡可能提供方便

有的消費者對於某產品的銷售者或生產商有很高的依賴感，這時候客戶主動找你，就是希望得到應有的便利和幫助，如果此時客戶接連三次在你這裡遭遇失望，他便很有可能以後再也不會送上門來。所以當我們不能直接滿足客戶需求之時，仍應盡可能為他們提供方便，這不僅是一種美德，更是一種成功祕訣。

在競爭日趨激烈的情況下，市場開發的難度越來越大，能夠送上門來的客戶彌足珍貴。對企業的經營者來說，這類客戶是非常寶貴的資源，

如何去維護和整合，就顯得非常重要了。如果每次這樣的客戶來找你，需求都不會落空，日久他們自然會形成一種依賴，你的客戶資源就會開始聚集，專案也將逐漸進入良性發展。相反，若是送到手的客戶資源總是白白流走，企業也會失去活力。

某大城舉辦花卉博覽會，此段期間當地人來人往，當然住宿也非常難尋，小張為了解決住宿問題在網路上瀏覽了整個下午，不經意間看到一篇文章，內容是一位大家尊稱為輝哥的中年男子，他自己開了一家小旅館，從網站圖片看得出來那地方不是很大，但是人氣很旺盛，文章內還貼滿了曾經在此落腳的朋友們的幸福照片，很多網友都在文章下面發表評論，讚揚這位輝哥為人好，樂於助人，時刻為旅人提供方便等等。小張知道輝哥那時一定也沒有空房間了，但是他還是撥了電話聯繫輝哥。電話接通後，輝哥熱情的語調直接透過電話感染了小張，但是結果不出所料，沒房間了。

輝哥聽小張的語氣很著急，邊安慰他邊痛快地說：「要不你晚上睡我房間吧，我去朋友家睡一晚。」

聽了這番話，小張當時好感動，當下找到了旅店的位置，晚上輝哥真的出去待了一晚。也許，輝哥真的沒必要這麼做，但這種為顧客提供便利的舉動會深深地感動每一個顧客，讓每個住過他旅店的顧客都會選擇再次光顧。

也許有人會認爲，這樣會佔用不少自己的時間，也會令自己疲憊，非常麻煩。其實，在很多時候爲客戶提供方便，確實需要花費大量時間和精力，但有時候做這些事情可能只是舉手之勞，或者利用零碎的時間就能辦到。在我們力所能及的情況下，去幫幫客戶，何樂而不爲呢？就像上面提到的那位輝哥，顧客打電話來，就幫顧客找住的地方，無論如何，都會給對方一個比較滿意的答覆。日子久了，大家感受到他的貼心，一旦有需要自然就會第一個想到他，主動聯繫他。因此他開的旅店房間經常爆滿，也是再正常不過的事情了。表面上看起來這位輝哥有點傻，自己跑出去過夜，只爲了讓陌生人好好休息。但仔細想想，這小細節當中卻存在著大智慧，也許那位輝哥這麼做其實沒想太多，但他的做法無疑是符合成功規律的。

爲客戶提供更多便利，藉此培養客戶的依賴度，這不光在中小經營者當中經常看到，很多優秀的大型企業，特別是跨國公司，在這方面都已形成了一套成熟的模式。比如米其林輪胎，每年都會針對消費者以及兒童舉辦道路安全教育活動，並一直在努力傳遞輪胎及其他汽車保養知識。再如乳品產業，在銷售牛奶相關產品的同時，同時向媽媽們贈送極具收藏性和實用性的《育兒手冊》。

這樣絕好的機會，卻總是被很多人白白浪費掉。當一些客戶主動找上門來時，很多人往往用「沒有」、「沒時間」、「現在忙」等話語回應了事。這樣的情況一旦多了，就會令人留下總是碰釘子，找你也解決不了問題的刻板印象，這對客戶資源的累積是非常不利的。其實，在我們確實服務不了對方的時候，替這些找上門來的客戶提供一些幫助，他們同樣會心存感激的，最起碼他們的需求沒有在你這裡落空。而要做到這一點，也許只是幾句簡單的話，比如：「您留個電話，我們可以幫忙問問」，「我告訴您一個號碼，您打電話問一下」，「我們可以幫您預定」，「×××和×××牌子都不錯，在×××廣場有賣」，「如果您需要的話，我們可以幫您帶一個」，「我們可以爲您調貨」，等等。

對於在新時代創業的草根創業者而言，注重創業道路上的點滴小事尤爲重要，點滴的累積可能就會爲日後進入理想的殿堂打好基礎。在創業過程中，創業者難免會有許多事情很難靠自己滿足消費者的需求，但要盡可能地做到爲消費者提供幫助，提供便利。比如，有時客戶發過來一個需求，自己公司卻沒有這種產品，如果直接說沒有這種產品，客戶就會從此被擋在門外了，未來再合作的機會就相對少了。那麼遇到這種情況該怎麼辦呢？創業者應該第一時間答覆客戶，介紹自家公司的產品，並告訴對方你們不生產這種產品，若有時間，可以幫他提供其他供應商的網址，讓他自己去聯絡，若需要幫忙時，也可以隨時聯絡你。等到下次，他或他朋友想要買相關產品時，在同等條件下，他選擇你的機率就變大了。

其實，爲消費者提供任何便利不算太難，願意提供便利的服務，往往就體現出創業者的良好素質，這種優良的素質也說明了該創業者具備做一個成功企業家的潛質。創業者一定要堅信，天下沒有白白付出卻得不到回報的事情，今日給顧客一次便利的幫助，也許就會爲明日企業的發展帶來連動效應。

由此可見，企業想發展，就必須靠消費者的消費，想要消費者主動消費，除了產品好之外，給消費者留下獨一無二的好印象也會產生舉足輕重的作用。在不能滿足消費者的理想需求時，簡單的一個推薦或者幫消費者找到替代產品或服務，往往就會讓消費者心裡得到一種愉悅感，繼而產生對公司或者銷售人員的好印象。隨之，消費者未來就會直接尋求你的公司，這樣一來，公司的效益就是巨大的。因此，在不能滿足消費者的需求時，請盡可能地爲他們提供便利，那麼自己的公司也會得到收益。

黃金法則10 電子商務是拉住顧客的好方法

電子商務越來越廣泛地被運用到企業經營當中。很多管理者發現：電子商務是拉住顧客的絕好方法。其實，電子商務只是一種工具，是一種新型的買賣方式，它相對於傳統的交易方式更具有高效率及便捷的特點，在其背後，凸顯的是與顧客在網路上互動的經營思想，因此更受廣大顧客所青睞。

電子商務（Electronic Commerce）是指利用電腦、網路和遠端通訊技術，實現整個商務（買賣）過程中的電子化、數位化和網路化。人們不再是面對面的、看著實實在在的貨物、靠紙張介質（包括現金）進行買賣交易。而是藉由網路，利用網上琳琅滿目的商品資訊、完善的物流配送系統和方便安全的資金結算系統進行交易。

電子商務的特性可歸結爲以下幾點：商務性、服務性、安全性、協調性。

一、商務性

電子商務最基本的特性爲商務性，即提供買賣交易的服務、手段和機會。

在網路上購物提供的是客戶所需要的方便途徑。因而，電子商務對任何規模的企業而言，都是一種機遇。

就商務性而言，電子商務可以擴展市場，增加客戶數量；藉著將資訊連至資料庫，企業能記錄下每次訪問、銷售、購買形式和購貨動態以及客戶對產品的偏愛，這樣企業方向就可以利用這些統計資料來獲知客戶最想購買的產品是什麼。

二、服務性

在電子商務環境中，客戶不再受地域的限制，像以往那樣，忠實地只做某家鄰近商店的老主顧，他們也不再僅僅將目光集中在最低價格上。因而，服務品質在某種意義上成爲商務活動的關鍵。技術創新帶來新的結果，網路應用軟體使得企業能自動處理商務過程，不再像以往那樣強調公司內部的分工。

企業將客戶服務過程移至網路應用軟體上，使客戶能以一種比過去簡捷的方式完成原本較爲費事才能獲得的服務。如將資金從一個存款戶頭移至一個支票戶頭，查看一張信用卡的收支，記錄發貨請求，乃至搜尋購買稀有產品，這些都可以足不出戶而即時完成。

顯而易見，電子商務所提供的客戶服務具有一個明顯的特性：方便。這不僅對客戶來說如此，對於企業而言，同樣也能受益。我們不妨來看一個例子。比利時的塞拉銀行，藉由電子商務，使得客戶能全天候地存取資金帳戶，快速地閱覽諸如押金利率、貸款過程等資訊，這使得服務品質大爲提高。

三、安全性

對於客戶而言，無論網路上的物品如何具有吸引力，如果他們對交易安全性缺乏把握，他們根本就不敢在網路上進行買賣。企業和企業間的交易更是如此。

在電子商務中，安全性是必須考慮的核心問題。欺騙、竊聽、病毒和非法入侵都在威脅著電子商務，因此網路必須能提供一種點對點的安全解決方案，包括加密機制、簽名機制、分散式安全管理、存取控制、防火牆、安全的伺服器、防病毒保護等。爲了幫助企業創建和實現這些方案，多家公司聯合研究並發展出一套安全電子交易的技術標準，並發表了SET（安全電子交易）和SSL（安全套接層）等協定標準，使企業能建立安全的電子商務環境。

隨著技術的發展，電子商務的安全性也會得到相對的增強，此亦爲電子商務的核心技術。

四、協調性

商務活動是一種協調過程，它需要雇員和客戶，生產方、供貨方以及商務夥伴間的協調。

爲提高效率，許多組織都提供了互動式的協定，電子商務活動可以在這些協議的基礎上進行。

傳統的電子商務解決方案能加強公司內部相互作用，電子郵件就是其中一種。但那只是協調員工合作的一小部分功能。利用應用軟體將供貨方直接連接到客戶訂單處理，這樣公司就節省了時間，消除了紙張帶來的麻煩並提高了效率。

正因爲電子商務具有以上針對於客戶的各種屬性保障，因此電子商務在本質上對於顧客具有一種吸引力，或者說是顧客嚮往的基礎，從而從一定意義上說，電子商務是拉住顧客的好方法。

英特爾電子商務網站提供給客戶他們最關注的資訊，以幫助客戶採取行動；並且為各個方面的客戶，無論是工程技術人員、市場與銷售人員，還是管理和採購人員，提供個性化的服務。英特爾的電子商務解決方案提供世界性的支援服務，由於它是一家全球性公司，百分之五十以上的銷售收入及客戶均來自美國以外的地區。所以，儘管部署全球性電子商務系統的難度相當大，但英特爾深知，如果只關心部分客戶的需求，將無法支援全球性業務結構，特別在市場行銷業務上。

為了使客戶更容易與公司進行業務往來，英特爾已著手制訂一個試行計畫，為各產品和銷售部門提供平台、工具和通信技術，以便與分佈在世界各地的OEM和經銷商進行安全、有效的業務往來。為此，英特爾緊緊圍繞著兩大策略性商業目的展開工作：拓寬並加深銷售範圍，提升客戶服務水準。

電子商務方案的第一個目標是拓展銷售部門。為此，英特爾從自動化訂單管理和資訊發送入手。公司相信，如果能使「未上網」轉成「上網」，英特爾就能用電腦通信工具取代電話和傳真機。這樣一來，提高效率的最大機會就在尚未建立電子聯繫的客戶之中。接著，英特爾發現瞄準中間層次的客戶可以使試行計畫獲得最大的效率，在瞄準中間客戶以求最大效率之後，英特爾必須在客戶需求和電子商務系統測試之間求得平衡。進行測試是為了保證系統具有適當的規模，同時也具備了正確的國際準則。

電子商務的第二個目標是藉由發送個性化資訊改進客戶服務，英特爾開始致力於資訊發佈的自動化研究和常規銷售的籌畫。因為管理、採購、銷售及工程人員的資訊需求各不相同，英特爾對客戶的帳戶做了網站客製化處理。由於能夠支援線上發送個性化資訊，英特爾大大滿足了各個客戶不同的需要，為客戶帶來了方便。訪問英特爾電子商務網站的客戶，可以很快找到他們的姓名和基於其需求所提供的特定應用程式。如果客戶是一位總經理，那麼他可以調取價格和產品供應情況方面的資訊，並透過網路發訂單，查詢訂單積壓的現狀，直至最終完成網路交易的全過程。英特爾的網路服務是一個互動企劃的典型案例。

某大型連鎖旅館也隨著市場環境的變化而加大了與客戶溝通的比重，不僅特地架設了網站，還與多家網站合作。為了市場的需要，旅館推出四種預訂形式二十四小時溝通，包括了網站、電話、短信、WAP的無間斷網路互動服務。與傳統旅館不同，這家旅館的預訂管道從以往的呼叫中心、旅館自主網站拓展到全方位運用網際網路的綜合管道，使網路預訂更加便捷。當你正在用聊天軟體聊天，在論壇裡亂逛，或在網站上購物時，很容易發現你所登錄網頁某一顯著的位置上有該旅館免費註冊和預訂入口。你只需輕點滑鼠，不到一分鐘即可完成從資訊查詢、免費註冊、預訂到支付流程，有效節省了時間和空間成本。此外，資訊豐富更是這類網路的另一優勢。無論何時何地，消費者透過網路即可查詢旅館分布在幾十個城市兩百多家分店的即時價格、房間情況、旅館位置、最新促銷活動等詳細資訊。同時旅館網站也是二十四小時開放，消費者可以隨時上去發表意見，也為其他消費者提供了足夠的旅館選擇依據。

以電子商務為主要載體的網路互動服務，更注重顧客的個性化。因此，只要充分利用網路媒體的優勢，就能真正實現企業與顧客之間的相互交流、相互促進。如果企業能夠長期堅持這一種服務方式，藉由對回饋資訊的研究和顧客意見的累積，完全可以把這些成果運用到產品開發和行銷企劃中，從而實現最大的顧客滿意度。

以消費者需求為導向是市場行銷的永恆主題。尤其是對於剛剛走入市場又面臨知識經濟時代挑戰的企業來說，唯一的出路在於徹底轉變思想，牢固地樹立起現代市場行銷的觀念。最正確的行銷不僅僅是將產品賣出去，而是要使產品充分滿足消費者的需求和期望。

因此，電子商務這種高效、便捷的買賣方式，以其獨有的特性優勢，以及不可替代的個性化服務，往往是拉住顧客消費的一種好方法。

黃金法則 11

關注現有客戶，節約開發新客戶的成本

對於企業的管理者而言，要知道在拓展大客戶、新客戶的同時，不要忘記留住老客戶。許多企業的調查資料顯示，吸引新客戶的成本是保持老客戶成本的五倍以上！假如企業在一個月內流失了一百個客戶，同時又獲得了一百個客戶，雖然在銷售額上的差距可能不大，但實際情況是，該企業額外花費了成倍的費用，可能會導致虧損！

現代管理之父彼得‧杜拉克說過：「顧客是唯一的利潤中心。」美國經濟學家威德倫說：「顧客就像工廠和設備一樣，也是一種資產。」可見，培養忠實的客戶以及留住老客戶，對企業而言是非常重要的。

開發一個新客戶的成本遠遠大於維護老客戶的成本。在這一利益得失權衡下，留住老客戶顯得尤爲重要。歸根結底，企業是需要客戶的，這是企業得以存在發展的前提。但既然開發新客戶的成本遠遠大於維護老客戶的成本，那麼孰重孰輕？企業是以營利爲目的，所以答案只有一種：維護老客戶，把老客戶培養成忠誠客戶。

企業管理者要以特定手段爲顧客進行分級，區分出對公司利潤有最多貢獻的那一批顧客，並爲之創造更高消費價值、提供更多、更好的服務，使他們成爲公司的忠誠顧客，與企業終身相伴，長久爲公司創造利潤。客戶服務方面的研究指出，開發一個新客戶的費用（主要是廣告費和產品推銷費）是留住一個現有客戶的費用（這方面的花費可能包括支付退款、提供樣品、更換商品等）的六倍。往往當面對一個新客戶，我們要一遍又一遍不厭其煩地向他們介紹產品、公司、服務，我們要接受他們的質疑，要三番五次地討價還價，討論怎麼付款、怎麼交貨、怎麼運輸，甚至、還要求試用我們的產品，要求更低的價格。而老客戶的重複購買已經是一種慣例，大大縮短了交易週期，穩定了市場秩序，老客戶由於和公司長時間接觸，也會主動提供產品或服務的合理化建議，有利於改進公司的經營，而且別忘了，老客戶還會把產品介紹給他們的親朋好友。

美國通用汽車公司曾經估計，作爲一位忠實顧客，他的終生價值在四十萬美元左右，這些價值包括了顧客所將購買的汽車和相關服務，以及來自汽車貸款融資的收入。某航空公司的資料表明，一位每兩個月至少有一次長途往返飛行的商務旅客，終其一生可以爲航空公司帶來超過十萬美元的收入。因此，一些航空公司爲忠實的顧客提供了很多增值服務，比如優先登機、艙位免費升級、VIP候機室等特殊禮遇，這些服務提供了商務旅客所需要的尊重感和便利，這才是他們所真正需要的。

一九八八年，美國租車行成立翡翠俱樂部，它特別爲租車常客提供會員身份識別和迅速租車服務，其會員在各大機場可以直接走到標有「翡翠特區」的地方選車，出示會員卡後免除了排隊、填表的麻煩，就可以直接把車開走，翡翠俱樂部的成立真正提高了租車行業的客戶忠誠度。據統計，翡翠俱樂部的會員每十次租車就有九次會透過美國租車行，而且翡翠俱樂部每年三十美元的年費還爲企業提供了一個新的收入來源。租車公司的收入提高了，客戶忠誠度也提高了，企業和客戶實現了「雙贏」。

世界十大飯店之一的泰國東方飯店，幾乎天天客滿，不提前一個月預定很難有入住機會。他們非常重視培養忠實的客戶，並且建立了一套完善的客戶關係管理體系。樓層服務生在爲顧客服務的時候甚至會叫出顧客的名字；餐廳服務生會問顧客是否需要一年前點過的那份老菜單，並且會問顧客是否願意坐一年前你造訪的時候坐過的老位子。在顧客生日來臨前，還可能收到一封他們精心寄來的賀卡，在賀卡上，他們用極其溫情的語言來表達他們對顧客的思念。在這樣人性化、周到體貼的服務下，泰國東方飯店生意越來越好。用他們的話說，只要每年有十分之一的老顧客光顧，飯店就會永遠客滿，這就是東方飯店成功的祕訣。

泰國東方飯店的成功提醒了廣大管理者，想使客戶與您終身相伴，首先要建立一套完善的客戶資料庫。在美國有超過百分之八十的公司建立了市場行銷資料庫。這些資料庫能夠清晰地勾勒出客戶的特點、習慣和愛好，能夠幫助企業爲客戶提供貼心服務。

假如沒有客戶資料，連顧客都不知道在哪裡，企業是無論如何都不會成功的。另外，要加強員工的培訓和管理，使直接面對客戶的員工具備高素質及高服務水準。如果顧客第一次接觸你的公司或者產品，卻沒有感到滿意，那麼很可能這是第一次，也是最後一次。

最後，企業要懂得感恩，要拿出一定比例的費用來獎勵忠誠顧客，表達對他們忠於公司的感謝，以此來促進與客戶之間更加親近的關係。

企業長期關注老客戶，最終培養出忠誠客戶的意義何在呢：

一、增加收入

顧客多次接觸獲得滿意後，就會對企業產生信任，會經常重複購買產品並產生關聯消費，同時對價格的敏感度也相對降低。

許多事實顯示，公司百分之八十的利潤是由百分之二十的顧客所創造。重複購買的客戶與企業形成某種特定的關係，有利於企業制定長期的規劃，使企業可以設計和建立滿足顧客需要的低成本工作方式。

二、降低成本

企業可以省下獲得新客戶的行銷成本和服務成本。維持一個老客戶的成本僅有贏得一個新客戶成本的六分之一。贏得一個新客戶不僅需要付出廣告投入、時間和精力等成本，而且這些成本會在很長時期內超出客戶的基本貢獻。

三、形成良好的形象和口碑

顧客滿意會提升企業在消費者心目中的形象。滿意和信任的顧客是企業的免費廣告資源，他們會積極向別人推薦。

有研究顯示，一個滿意的客戶通常會把愉快的消費經歷告知三到五人。如果這些人中有一位也去購買並感到滿意，他就會向另外三到五人傳播，使企業獲得更多的利潤。對企業感到滿意和信任的客戶會不斷傳播企業的好處，使企業的知名度迅速提高。

黃金法則12

最好的廣告能讓人記住公司和產品

廣告是為了某種產品或某個公司特定的需要，藉由一定的形式，比如：電視、網路等，公開而廣泛地向公眾傳遞資訊的宣傳手段。廣告宣傳會對產品和服務的推廣產生非常重要的作用。一個最好的廣告，就是能讓顧客深深的記住公司或產品，能夠達到深入人心的廣告。

廣告在日常生活中常常可以見到。打開電視機，鋪天蓋地的電視廣告；翻開報紙，迎面而來的是平面廣告；走在大街上，充斥視野的是各種立體廣告……廣告和我們的日常生活形影不離。廣告之所以有這麼大的威力，主要是它能把消息傳遞給可能購買的顧客，激起人們購買的欲望。

史玉柱曾說過一句話：中央電視台很多廣告漂亮得讓人記不住，我做廣告的原則就是要讓觀眾記得住。

「今年過節不收禮，收禮只收腦白金！」「孝敬爸媽，腦白金！」在如今高密度的資訊轟炸時代，很多人討厭這個廣告卻對其印象深刻。並且腦白金廣告剛問世就「得罪」了廣告界。人們罵腦白金的廣告俗氣，連年把它評為「十大爛廣告之首」。即使如此，這個產品依然是保健品市場上的常青樹，暢銷多年仍不能遏止其銷售額的增長。二〇〇七年上半年，腦白金的銷售額比二〇〇六年同期又增長了百分之一百六十！

「不管觀眾喜不喜歡，廣告首先要做到的是讓人留下印象。廣告要讓人記住，能記住好的廣告最好，但是如果沒有這個能力，也要讓觀眾記住壞的廣告。觀眾看電視時雖然很討厭這個廣告，但買的時候卻不見得，消費者站在櫃檯前面對著那麼多的保健品，他們的選擇是下意識的，是那些他們感到印象深刻的。」史玉柱如是說。

人腦佔人體的重量不足百分之三，卻消耗人體百分之四十的養分，其消耗的能量可使六十瓦電燈泡連續不斷地發光。大腦是人體的司令部，大腦最中央的腦白金體是司令部裡的總司令，它分泌的物質為腦白金。腦白金分泌的多寡主宰著人體的衰老程度。隨著年齡的增長，分泌量日益下降，於是衰老加深。三十歲時腦白金的分泌量快速下降，人體開始老化；四十五歲時分泌量以更快的速度下降，於是更年期來臨；六十～七十歲時腦白金體已被鈣化成了腦沙，於是就老態龍鍾了。美國三大暢銷書之一的科學專著《腦白金的奇蹟》中實驗證明：成年人每天補充腦白金，可使婦女擁有年輕時的外表，皮膚細嫩而且有光澤，消除皺紋和色斑；可使老人充滿活力，反映免疫力強弱的T細胞數量達到十八歲時的水準；使腸道的微生態達到年輕時的平衡狀態，從而增加每天攝入的營養，減少侵入人體的毒素。

「美國《新聞週刊》斷言：『飲用腦白金，可享受嬰兒般的睡眠。』於是這讓許多人產生了誤解，以為腦白金主要用於幫助睡眠。其實腦白金不能直接幫助睡眠，夜晚飲用腦白金，約半小時後，人體各系統就進入維修狀態，修復白天損壞的細胞，將白天加深一步的衰老『拉』回來。這個過程必須在睡眠狀態下進行，於是中樞神經接到人體各系統要求睡眠的『呼籲』，從而進入深層睡眠。」

「腦白金可能是人類保健史上最神奇的東西，它見效最快，飲用一至二天，均會感到睡得沉、精神好、腸胃舒暢。但又必須長期服用，要每天補充。」

以上這篇文章，也是經過史玉柱精心策劃的，在讀者眼裡，這些文章的權威性、真實性不容置疑。在沒有直接的商品宣傳下，腦白金的懸念和神祕色彩被製造出來了，人們禁不住要問：「腦白金究竟是什麼？」消費者的猜測和彼此之間的交流使「腦白金」的概念在大街小巷迅速流傳起來，人們對腦白金形成了一種企盼心理，都想一探究竟，弄清真相，這種廣告效應也就被史玉柱發揮得淋漓盡致。

事實上，我們往往記住了一個廣告很漂亮，但常常忽略了這個廣告是賣什麼的，腦白金廣告雖庸俗，卻深入人心。沉浸在藝術美感中洋洋自得的廣告藝術家們，他們是否忽略了基本的商業法則呢？

相對於腦白金廣告的庸俗給消費者留下了很深的印象，農夫山泉也利用廣告的效應使消費者記住了它，但是農夫山泉的廣告卻贏在簡單、清楚、容易記。

一九九九年農夫山泉的廣告開始出現在中國媒體上，而且來勢洶湧，隨之市場也出現了越來越熱烈的反應，再利用一系列行銷大手筆，農夫山泉一舉成為飲用水產業的後起之秀，到二〇〇〇年便實現了強勢崛起。歷來中國的飲用水市場競爭激烈、強手如雲，農夫山泉能有如此卓越表現，堪稱商業史上的經典。而這個經典的成就首先啟動於「農夫山泉有點甜」這句經典的廣告詞。

農夫山泉僅僅用了「有點甜」三個字，三個再平常、簡單不過的字，而真正的點更只是一個「甜」字，這個字富有感受性，那是描述一種味覺，每個人接觸這個字都會有直接的感覺，這個感覺無疑具有極大的強化記憶功效，記住了「有點甜」就很難忘記「農夫山泉」，記住了「農夫山泉」就很難對農夫山泉的產品不動心。農夫山泉就是以「簡單」取勝，簡單使自己能夠輕鬆地表述，也使消費者能夠輕鬆地記憶。

在農夫山泉的案例中，我們發現了一種能讓消費者快速、深刻地記住產品訴求的好方法：記憶點創造法。它的核心內容是：創造能讓消費者記憶深刻的點，有了這個點才有了產品在消費者心中的重要位置。

一天傍晚，一對老夫婦正在飯廳裡靜靜地用餐，忽然電話鈴響了，老婦人去另一個房間接電話，老先生在外邊停下了吃飯的筷子，側耳傾聽。一會兒，老婦人從房間裡出來，默默無言地坐下。

老先生問：「誰的電話？」

老婦人回答：「女兒打來的。」

又問：「有什麼事？」

回答：「沒有。」

老先生驚奇地問：「沒事打國際電話來？」

老婦嗚咽道：「她說她愛我們。」

一陣沉默，兩位老人淚水盈眶。這時旁白插入：「貝爾電話，隨時傳遞你的愛。」

這是美國貝爾電話公司一則十分成功的廣告，它以脈脈溫情打動了天下父母，或即將成為父母、兒女，或曾為兒女的心。

貝爾電話廣告的成功關鍵，在於廣告商設計廣告時考慮到了目標消費者的特定心態，從兒女與父母的感情入手，展現出一幅孝心愛意濃厚的溫馨感受，和美麗動人的親情畫面，讓我們時時體味愛的簇擁，充分喚起了人們對家庭親情的留戀、回憶、追求、憧憬。電話有線，親情無限。貝爾電話連接著千家萬戶，溝通親人們的心靈，縮短了親人間的感情距離。

所以，一則以情動人的廣告，要選擇恰當的角度，將感情的定位把握好，以有效的手段強化、渲染產品所特有的情感色彩，以打動消費者的心。

英特爾的微處理器最初只是被冠以X86，並沒有自己的品牌，為了突出自己的品牌，從586後，電腦的運行速度就冠以「奔騰」來界定了。據說英特爾公司為了推出自己的奔騰品牌，決定給各大電腦公司百分之五的返利，就是為了在他們的產品和包裝上貼上「intel inside」的字樣。

消費者對廣告印象深刻，才能記住你的產品，印象深刻是廣告的衡量指標。現在電視的廣告數不勝數，而且大多的電視廣告給觀眾的印象都不是很好，其中有很多的廣告收視率都很低，造成這種現象的原因據調查有以下三大原因：

一、電視廣告太多，人們都沒興趣看。

二、電視廣告創意不夠新穎，讓人看了印象不夠深刻。

三、沒有抓住消費者的心理，也沒有抓住消費者對產品的興趣。

創業者在採用廣告宣傳產品或服務時，必須非常重視以上重點。

消費心理學告訴我們，人們的心理狀態直接影響到他們的購買選擇。在物質生活豐富的今天，消費者購買商品已不僅限於滿足基本的生活需要，心理因素左右購買行爲的情況越來越多。在廣告中融入和諧、真實的情感，的確能夠爲產品獲得廣大的消費者認同，提供更多的可能性。

創意源於生活，要做出好創意首先要研究目標消費者的心理，尤其是情感需求，然後將產品跟情感聯繫起來。好的創意沒有限制，可以是生活中一個平凡的故事，也可以是天馬行空想像出來的外太空故事，但廣告中表達的情感一定要符合目標消費者的情感需求，廣告中表現的人生態度也一定要符合目標消費者的心態和追求，這樣才能引起目標消費者的興趣。在把握消費者情感定位的時候，應該注意以下幾條：

一、一定要有真情實感，避免虛情假意

情感廣告靠的是以情動人，如果廣告中沒有真情實感，只有冠冕堂皇的空話或者虛情假意，那麼這樣的廣告不做也罷。

二、把握感情的限度，避免廣告中出現不道德的內容

傳統的情感都比較含蓄內斂，表達愛情的時候或許只是一個充滿愛意的眼神或者是一個擁抱，遠遠沒有西方人那樣奔放。所以在學習西方創意的時候一定要把握好其中分寸。

比如有一則可口可樂的廣告是這樣的：女主角在家裡和男友玩遊戲機時，問男友是否想來一罐可口可樂。當她發現冰箱裡只剩一罐可口可樂的時候，她決定和男友一起分享。但是男友竟然搶過可口可樂，準備自己一飲而盡。女主角憤怒之餘，將自私的男友拋出窗外的游泳池，而她自己則站在窗邊，獨自享受著可口可樂。

該廣告創意旨在告訴人們：現代年輕人對於生活中的一切都有自己的評判標準，不輕易妥協。但是卻很少人能看出這個「不輕易妥協」的主題。相反的，大家看到的是一對年輕戀人爲了一罐可樂而大打出手，女主角還將男友拋進游泳池，然後獨自享受可樂。這個廣告雖然名爲「愛情篇」，實際上卻因爲沒有把握好國情的不同，結果將愛情變成了不道德。

三、避免文化的衝突

在做廣告創意的時候，一定要先徹底瞭解當地的風俗人情，不要做出一個被消費者唾棄的廣告，不僅損害廣告主的利益，也傷害了消費者的情感。

好的廣告要讓觀眾記得住，在廣告方面，創業者要做的就是如何用有創意的廣告吸引觀眾的注意，借助創意的廣告，讓消費者看了就能夠深刻記得產品，這樣一來產品暢銷就是一件再簡單不過的事了。

黃金法則13

巧借各種力量推銷自己

細心觀察周圍，每個人身邊都有著無數可以幫助自己的事物存在，但是往往大部分人都忽略了身邊的左膀右臂，聰明的企業家都會借助各種各樣的力量來幫助自己推銷公司。借力使力是高人，同樣懂得借用各種形勢的人，也必定會是成功者。

《孫子兵法》說過：「湍急的流水，飛快地奔流，以致能沖走巨石，這就是優勢的力量。」企業在市場競爭的商戰中，必須佔有優勢，才可先聲奪人。

一種剛上市的新產品，一個剛開張的新企業，知名度不高，就需要造勢以提高知名度，以爲其打開銷路；一種名牌產品，一個實力雄厚的知名企業，雖然已有了發展的優勢，但還是需要繼續造勢，這樣才能鞏固市場、提高形象。因此造勢與不造勢結果就大不相同。不造勢，消費者視而不見；造了勢，就可能在消費者心中引起強大的轟動效應。

假如你的產品是鑽石，按照鑽石的價格賣產品，那就代表保值；假如按照水晶的價格去賣，那就虧大了。假如你的產品是水晶，用水晶的價格賣產品，那麼你既無虧損也無營利；倘若把水晶按照鑽石的價格賣掉了，那麼你就完成了使產品增值的功能。對於企業而言，宣傳造勢就是爲了讓企業成功地把水晶般的產品按照鑽石的價格賣出，讓消費者心甘情願甚至是引以爲榮地支付鑽石的價格買水晶。

腦白金之所以能夠成功，很大一部分取決於它的造勢。腦白金的功效宣傳主要藉由報紙進行。報紙這種媒體的優勢在於時效性強、製作方便、訴求深入，而劣勢則在於廣告受眾處於主動接受狀態，所以報紙廣告很容易被讀者跳過，成爲無效廣告。在意識到報紙利弊後，腦白金策劃者開始想辦法抓住讀者的眼光，吸引讀者的注意，傳達有效資訊，使腦白金廣告在眾多的廣告中跳脫出來。分析腦白金的成功「造勢」，體現在以下幾個方面：

一、注重新聞造勢

在宣傳初期，腦白金採用新聞炒作的方式，爲吸引讀者注意，刊登大幅文章。類似的文章如《人類可以長生不老？》、《兩顆生物原子彈》與《全球最關注的人》等。因爲和一般工商廣告相比，新聞形式更具有可讀性和可信度，報導文章集典型事件、科學探索、未來人類命運展望於一體，強烈震撼了讀者的心靈，於是人們都在期待著科學能夠儘快造福自己，進而形成了對腦白金的饑餓心理，構成良好的宣傳氛圍，爲進一步宣傳打下基礎。

二、採用大量系列報導

報導內容以介紹功效爲主，分別從睡眠不足與腸道不好兩方面入手，闡述其對人體的危害，導入腦白金的奇特功效，指導人們如何克服這種危害。報導主題引人入勝，內容輕鬆有趣。每一個廣告都由一個事例或者一種現象開始，最終歸結到產品功效上，事半功倍。

三、使用了長篇文案

腦白金的策劃者們深諳廣告宣傳真諦，於是藉由大幅文案廣告全面地向人們闡述其產品功效。廣告裡不僅嚴密地介紹了疾病的危害和腦白金對人體的重要性，改善由於衰老引起的睡眠不良、腸道不好等，而且把腦白金的功效延伸到美容護膚、延緩衰老、提高性功能等方面。有了長度就有了深度，有了深度就有了力度，這樣的宣傳效果是重量級的。

四、力主宣傳創新

腦白金宣傳大量採用了漫畫，開廣告宣傳之先河。有趣的畫面配以精練的對白，以簡單直白，生動鮮明的形式傳達了廣告資訊。讓人們在輕鬆的氣氛裡感受並接受了廣告所要表達的意圖。值得注意的是，腦白金的策劃是建立在傳統養生學理論的吸取和全面豐富的科技資料累積上。

三流企業做事，二流企業做市，一流企業做勢。行銷的本質就是「造勢」、「謀勢」。創業者造勢水準的高低將直接決定一個企業能否脫穎而出，創業成功。

「君子生非異也，善假於物也。」在會造勢的同時，管理者還要學會借他人之力來成就自己。這個年代，想打理好公司，就必須在造勢的同時學會借勢。

借勢或利用別人並不全是醜惡，而是各取所需。一個人在社會中，如果沒有朋友，沒有他人的幫助，他的境況會十分糟糕。普通人如此，一個企業更是如此。優秀的企業都是被公眾所熟知的企業，成功的企業家都是最優秀的推銷員，他們總是能用最經濟的成本把企業推銷到目標市場，從而獲得最大的品牌收益。

可口可樂並不是伍德魯夫發明的，但是他的商業智慧讓他被美國人稱為「可口可樂之父」。伍德魯夫的父親在一九一九年時花費了兩千五百萬美元高價收購了面臨財務危機的可口可樂汽水廠以及可口可樂專利權，創建了可口可樂公司。

伍德魯夫不愛運動，但是從他執掌可口可樂起，這家公司就開始了和奧運會長達八十年的合作，無疑這是公司最好的宣傳。歷史證實，伍德魯夫在執掌可口可樂時期，掌握了最好的時機和商機，和奧運會的合作讓可口可樂迅速成為家喻戶曉的飲料。

但許多人認為，可口可樂並不是一種健康的飲料，伍德魯夫也說過：「我們的可樂中，百分之九十九點七是糖和水，如果不把廣告做好，可能就沒有人喝了」。而他最擅長的手段就是「宣傳」，從一九二八年開始，可口可樂就成了奧運會的贊助商，接下來八十年的時間裡，當可口可樂為逐年增加的奧運會合作費用掏腰包同時，它也一步步地成了世界上最有價值的品牌——高達七百多億美元。

在當今形勢多變的市場經濟，從不缺少機會，關鍵是創業者要調整思路關注經濟發展形勢，善於抓住機會借勢，挖掘市場潛力，做好準備，蓄勢待發。一個善於借勢的管理者，能夠迅速集結並佔有資源，使各項資源發揮最大效用。顯然，這樣的人能夠較為容易地獲得成功。相反，一個不會借勢的企業，凡事單打獨鬥，其結果必然是失敗。想早日成功，管理者要時常詢問自己：哪些資源可以為我所用？哪些「勢」可以被我借用？

曾因主演《麻雀變鳳凰》而風靡世界的美國著名影星茱麗亞・羅伯茲首次到日本訪問時，消息一出立即引起日本阿奇口香糖公司的重視。經過一番冥思苦想，總算邀請到茱麗亞・羅伯茲蒞臨工廠參觀。

阿奇公司特意安排五六個職員充當接待，寸步不離茱麗亞・羅伯茲左右，他們每人都帶著微型答錄機，隨時準備錄下茱麗亞・羅伯茲說的話。在參觀包裝產線時，茱麗亞・羅伯茲順手拿起一塊口香糖放進嘴裡，邊嘗邊隨口說了句：「沒想到日本也有這麼棒的口香糖……」從此以後，人們天天都會在電視上看到這則惹人注意的廣告：茱麗亞・羅伯茲笑眯眯地嘗了一小塊巧克力口香糖，邊嚼邊說：「我沒想到日本也有這麼棒的口香糖……」

這則廣告深深地吸引了日本成千上萬的茱麗亞・羅伯茲影迷，一時間人們瘋狂地迷上阿奇口香糖，紛紛購買。很快所有商店的阿奇口香糖都銷售一空了。

爲了取得最佳的宣傳效果，面對種類繁多的媒體，想恰當地、有針對性地選擇，以達到最佳的宣傳目的，就要在廣告構思手法中，巧妙地構造懸念使其成爲受眾心中探究的目標，引發觀眾的好奇心和欲望。做廣告不但可以贏在做好廣告，也可以贏在做差廣告，差得讓人想不記住都難。

「借助重大事件」是管理者推銷企業的好辦法。當然，推銷企業的方法還有很多，比如可以挑起爭論性話題炒作，借競爭對手之危進行炒作等等。無論何種方法，創業者的目的只有一個：把自己的企業品牌推銷出去，贏得更爲廣泛的注意力，並使公眾注意力轉化爲實際購買力，從而使企業獲得最大的經濟利益。

黃金法則14 管道要「管」而非「控」

企業在市場上行銷產品，就像船在大海上航行一樣，茫茫大海，不能沒有方向地胡亂航行。只有把握正確的航道，才能早早安全到達目的地。企業在設計行銷管道時一定要針對需求，這樣設計出來的行銷管道才能賣出產品，避免做白工。

「一把鑰匙配一把鎖」，想在行銷上有所突破，選擇合適的行銷管道是必不可少的，也就是說一定要以消費者的需求爲依據，這樣才能保證銷售通暢。美國的薩拉李公司在這方面做得非常好，可說是針對消費者多管道銷售的典範。

根據全美針織協會公佈的統計資料，一九九三年中，全美最暢銷的緊身褲襪品牌是薩拉李公司的里耶戈牌產品，約有百分之四十二的市場佔有率，緊居其後的是凱撒羅斯牌，佔市場佔有率的百分之二十一點八。

在里耶戈品牌和安得奧品牌銷售中，薩拉李公司的管道策略可以用一句話來概括：「消費者去哪裡買，產品就在哪裡賣。」透過各銷售分部，薩拉李一年銷出十億美元的產品。在一九七〇年代早期，里耶戈就已成為緊身褲襪的領導品牌，稱霸於雜貨店等零售商店。而在那之前，幾乎所有的緊身褲襪只有在折扣百貨店、傳統百貨店以及服裝專賣店裡才買得到。在安得奧品牌的行銷上，薩拉李公司也採取了類似的管道策略，特別針對女性熱衷於在折扣店內購買針織品的趨勢設計分銷管道。最初，安得奧產品只在百貨公司之類的大型零售商店銷售，到了一九七八年，薩拉李公司首次將安得奧產品投入凱馬特及其他折扣商店銷售。到了一九八五年，安得奧徹底離開了傳統的百貨商店，進入了新階段。一九八八年，安得奧系列被轉到了里耶戈公司經營。在這裡，安得奧被分銷到了雜貨店之類的大眾零售商。儘管里耶戈和安得奧兩個品牌產品被放在同一管道銷售，但是薩拉李的精心策劃使得二者互不混淆而各具特色。

每一品牌都有各自的包裝，就算在同一店鋪展示也不會互相影響，價格策略也不一樣。對里耶戈產品來說，無論包裝還是廣告策略，都與安得奧截然不同。

薩拉李公司對里耶戈和安得奧品牌的管道策略是以自助式推銷來提供消費者大量便利。其漢茲子公司的策略使得追求時尚的消費者們深受其益。薩拉李的多管道行銷策略堪稱企業典範，這種策略使得薩拉李的市場覆蓋率達到最大化，並能吸引多個細分市場。由於薩拉李在每一通路所經銷的品牌和產品都是不同的，也就減弱了通路成員之間的競爭。

由此可見，一定要針對行銷需求設計行銷管道，不以消費者需求設計的管道只會失去市場。當然管道開發之後並不是一成不變的，它需要針對消費需求的不同而隨時調整。這就要求管理者密切注意市場動向，主要可以從以下幾個方面搜集市場訊息：

一、售後拜訪傾聽客戶意見

這是保持以市場爲主導的方式，在客戶完成購買行爲後回訪，並找出在行銷和產品交付的過程中有什麼不一致的地方。找出售前與售後客戶感受的差別，這有助於優化行銷策略。

二、詢問關鍵客戶群的意向

直接詢問客戶，了解他們最大的困難是什麼，對未來的想法爲何。尤其要仔細傾聽最忠誠的客戶和最不忠誠的客戶在觀點上有什麼區別。雖然他們都購買你的產品，但他們的動機、信念、態度可能大相徑庭。

三、經常詢問客戶有什麼新情況

養成習慣經常問客戶和公司同事「有什麼新情況」。在這個高度分工的世界，我們往往以爲每個人都能注意到所有的變化，而實際上資訊的流動常常是緩慢而低效。在非正式場合裡找到機會詢問「有什麼新情況」，就可能比競爭對手掌握更多消息。

四、多瞭解和討論你的競爭對手

提出明確的問題，將產品與競爭對手進行對比，畢竟客戶在購買你的產品時也幾乎毫無疑問地會這麼做。很多情況下，你心目中的市場競爭對手與客戶心中所認為的競爭者可能完全不同。

五、多學習瞭解客戶和產業

現代電子資訊系統非常發達，有耐心的學習者便能夠有機會瞭解大量資訊。學習瞭解得越多，最早發現機遇的可能性就越大。

然而，當企業開闢了一條有效的行銷管道後，後續還必須給予合理的管理，使之行之有效才是長久之計，這就需要企業的管理者明白：行銷管道要「管」而非「控」。

管道的管理沒有做好，促銷沒有規範，勢必會引起價格混亂，價格就會越賣越低，導致經銷商賣產品幾乎不賺錢。因為產品的價差越來越小，而價差可說是經銷商主要的利潤保障。

一九九九年，基於衛生棉產品的競爭趨於白熱化，寶僑公司制定了針對護舒寶品牌的管道促銷策略：經銷商在一定期限內藍色護舒寶銷量達十萬件，即贈予一部新款別克轎車作為獎勵，以求帶動經銷商的銷售積極度。這一促銷策略一出，經銷商幾乎在一夜之間採取近乎完全相同的方式，將轎車款以價格的形式折扣在護舒寶產品的管道價格中，護舒寶全部產品短短幾天之內價格產生巨大變動，在衛生棉市場中的高檔品牌形象一夜之間因價格的驟降大大打了折扣。護舒寶經銷商的價格戰使經銷商迅速完成寶僑公司下達的十萬件銷售任務，寶僑公司的促銷車輛款也返回經銷商手中。

價格戰一旦開始，全部經銷商都只好應戰。由於經銷商過量提貨，造成藍色護舒寶在銷售管道中大量積壓，而終端的價格戰使藍色護舒寶形象嚴重受損。從那以後，市場上再也見不到為消費者所熟悉的藍色護舒寶，取而代之的是需要消費者重新接受的綠色護舒寶。

這就是寶僑銷售策略所引發的經銷商價格戰。但即使在寶僑產品正常的行銷過程中，經銷商之間的價格戰也時有發生：同類寶僑產品在某地的經銷商批價爲「出廠價」，到了另一地經銷商批價卻是「出廠價扣三元」。

寶僑公司嚴禁經銷商異地竄貨，但無法禁止小盤商的自由購貨權，小盤商「擇價而選」而不是「擇服務而選」，使本來依靠優質服務和良好配送能力吸引客戶的經銷商不得不「以價格應戰」。

經銷商不能利用價差賺錢，只好依賴廠商的贈品、促銷品來賺取利潤。如此形成惡性循環，價格越賣越低，價差越來越小，利潤就越來越薄，經銷商也就越來越依賴廠商的贈品等物質獎勵來賺錢了。更嚴重的是，一旦廠商停止對經銷商的物質刺激，經銷商就會無錢可賺。在這種情況下，廠商要保證經銷商的利潤，只有兩種選擇：一是把給經銷商的供貨價降下來，擴大或恢復中間價差，保證經銷商的合理利潤。二是繼續不斷地給予經銷商各種物質獎勵，補償經銷商喪失的中間利潤。

企業原本想刺激經銷商來銷售更多的產品，但刺激的最終結果是導致價格紊亂，經銷商不願意再銷售你的產品。究其原因，都是廠商自己造成的。所以，利用這樣的方式來提高銷量，只會把終端壓死，最後反而減小了銷量。

這種「強心針」式的管道促銷雖然能創造即時銷量，而實際上呢？產品只是被囤積在管道中間，並沒有被消費者消化掉。等於是對明日市場資源的提前支取，是寅吃卯糧的銷量透支行爲。

其實，廠商想切實控制價格，必須從管理管道開始，也就是對行銷管道要「管」而非「控」，只有讓管道受到規範，才能真正地控制價格。規範管道最重要的就是要改善系統管理，可以採取以下做法：

一、必須按爭奪市場的要求展開銷售。基於有效出貨、減少存貨以及控制費用的條件進行銷售。

二、提高產品的競爭力。對於老產品，要加強產品系列的整合，明確同時期內的主打品項，一波一波有節奏地衝擊市場，同時在品質、外觀包裝以及定價上，要強過對手；對於新產品的開發，要突破原有的思維定式，努力創新，同時加強新品推出市場的系統策劃，以及有計劃地展開市場推廣。

三、加強市場訊息的回饋。加強一線進銷存資料的採集、整理、傳遞與統計分析。依靠資料制訂生產與供貨計畫，有效地銜接產銷量，減少產銷衝突，減少商品供應上過多與不足的矛盾。

四、強化高層專業職能部門的功能。確保計畫、行銷、財務、配送與人力資源等子系統運行順暢，尤其要強化總體策略制定的功能，確保有限的經營資源配置能夠產生成果，且具有與對手展開競爭的能力。

五、促銷時，必須利用程序與管理規範，進行有效控制，提高整體運行的效率，提高公司價值鏈的營利能力。

針對行銷需求設計行銷管道是一個公司大量行銷自己產品的捷徑，是一個聰明之舉，正確的把握消費者心理，消費者需求才會在銷售中得心應手，同時一個企業有了好的行銷管道，就要努力的維護這條管道，就像高速公路需要不時的維護一樣，合理的管理行銷管道，切忌單純運用控制的手段，只有這樣，企業的行銷利潤才會大幅度的增長，品牌才能得到更多的曝光。

黃金法則 15 銷售管道的建立講求效率

現如今，蓋房子的速度加快了、火車車速加快了、人們的生活節奏也加快了，一切似乎都以光的速度在發展。「快」字已經深入人心，任何事都映射著「快」的存在。同樣，企業在建立銷售管道時也必須緊扣這個「快」字，只有這樣，企業的發展才不會落後於競爭者，才能掌握市場先機。

企業管道建設主要是統籌上下游的利益，充分發揮管道商各自的優勢和協同效應，使管道價值最大化，使廠商合作利益最大化。管道建設主要包括以下幾方面：

一、進行管道規劃

企業首先要結合自身的企業目標或遠景以及產業和產品的具體情況（產業目前所處的發展階段、市場規模、發展趨勢、競爭對手情況、產品特徵等）制定自己的管道策略，也就是確定自己在管道建設上的整體思路和原則，它是企業管道建設的方向和靈魂，具有指導性，在一定時期內具有穩定的作用。

二、進行管道設計

根據企業的規劃進行管道設計。管道設計是實現管道規劃的具體措施和手段，它主要包括管道模式設計和管道政策設計。管道模式設計主要是管道層級、長度、寬度、廣度等的確定；管道政策設計主要是企業在管道上的具體策略、原則或措施等，比如在管道上有何費用、如何分配、有何廣告策略等。

三、進行管道實施

它主要包括商業遴選（結合管道設計的要求，確定遴選原則和具體的遴選標準）、商務人員安排、管道政策實施的確定（比如擬訂經銷、分銷協議書）等。它是對管道設計的落實和貫徹。

四、組織管道服務

爲了保障管道設計能夠準確完整地實施，企業必須採取保障措施。主要包括服務方向、服務技能、服務後續保障措施等。比如爲了使醫藥企業能夠執行相應的管道功能或拓展相關管道能力，企業有必要提供相關的培訓、溝通、技術支援，給予業務代表專業培訓，提高服務品質和能力。

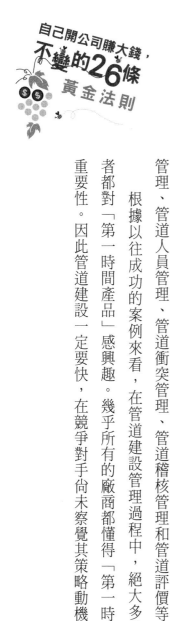

五、進行管道管理

它貫穿管道建設的事前、事中、事後全部過程，主要包括管道資訊管理、管道人員管理、管道衝突管理、管道稽核管理和管道評價等。

根據以往成功的案例來看，在管道建設管理過程中，絕大多數消費者都對「第一時間產品」感興趣。幾乎所有的廠商都懂得「第一時間」的重要性。因此管道建設一定要快，在競爭對手尚未察覺其策略動機時，以

「迅雷不及掩耳」之勢快速地將貨鋪到目標市場，搶市佔率。

例如，為發展巴西的海運業和造船業，巴西政府、經濟界和金融界提出恢復和發展造船工業，重振昔日巴西在南美洲造船大國地位的政策。國際造船界和海運界均十分重視巴西市場，只要在巴西立足，就能以點帶面，為開闢南美洲市場打下基礎。巴西要振興海運業和造船業，引起全球造船國家，特別是韓國的極大關注。為搶佔市場先機，韓國船業採取了一系列措施，為進入巴西造船市場打下了基礎。在大宇造船海洋工程公司和三星重工拓展國外造船業務的計畫中，兩家企業均看好南美洲發展造船業的市場前景，並將首選目標鎖定巴西。他們認為：

一、巴西原本就有一批中小型造船企業，造船基礎優於其他南美洲國家，進入巴西的造船業取得成功的可能性比較大。

二、巴西是南美洲第一經濟大國，地下、地上自然資源豐富，出口潛力巨大，其充足的海運貿易量，需要具有一定承運能力的本地船隊。

三、巴西政府、經濟和金融界均對發展自有造船工業達成了共識，形成了良好的市場環境和氛圍。

由此，大宇和三星開始為開拓巴西船舶市場投下資本做準備，希望能在巴西建造船廠，將中南美洲地區打造成具有一定規模的造船基地。大宇造船計畫收購巴西有發展前景的中型造船企業，藉由參股、提供技術支援等方式在巴西立足。三星重工也在考慮以類似方式進入巴西造船市場，建立自己的造船基地。不久，巴西蘇阿佩地區企業組成的聯合投資公司與韓國三星重工達成協議，三星重工將提供巴西亞特蘭船廠建設的有關技術資料，包括船廠建設設計圖、船廠經營管理有關資料、船舶設計圖等。

另外，三星重工還派技術人員赴船廠，指導船廠建設、佈局，正式投產後，三星技術人員將支援船廠經營管理和船舶建造施工技術指導，為造船提供品質和安全保障。三星重工總經理對此表示，巴西是三星進入南美洲大陸造船市場的墊腳石，三星與巴西船廠的合作關係，有利於三星進入巴西造船市場。這次市場先機的搶佔，有利於三星跨國經營策略的推行和實施。同時，巴西和其他南美洲國家沿海石油和天然氣儲量十分豐富，這對三星重工今後在中南美洲的海洋油氣設備市場創造了有利的條件。

市場競爭最殘酷的是同行企業之間的競爭，產業的生存空間是有限的，勝者爲王，敗者爲寇是不變的競爭法則。如今的世界唯一不變的，就是一切都在變，在這個「快魚吃慢魚」的新競爭規則下，誰先跑出第一步，誰的生存概率就大一些。當企業的生產與管理成本已經沒有可挖掘的潛力時，誰能首先投身「管道革命」，改善企業的管道關係，強化管道管理，增加管道的產出效率，提升管道的競爭力，誰就會搶得市場先機。

二○○七年，彩色數位複合機市場風雲再起。理光、東芝、柯尼卡美能達都在醞釀著新一輪的攻勢。率先發動變革的是柯尼卡美能達。以往的展售會都是在一級城市舉辦，雖然提供了一個讓各地銷售同行互相交流的機會，但對於一些細節或不同地區的特殊問題還是很難解決。從二○○

七年開始，柯尼卡美能達不只會召開大型展售會，還將為各地管道商提供機會，他們不單將展售會做到了三、四級城市，還將深入賣場，為經銷商解決銷售中遇到的實際問題。

這種做法使柯尼卡美能達在管道培育上發生了一些變化。藉由區域性展售會讓更多的分銷商也能夠瞭解公司的管道策略，大家還可以在現場共同討論在當地的銷售過程中遇到的實際問題，而柯尼卡美能達也可以發現一些管道建設中的隱患。透過小範圍、多頻次的展售會，不僅可以實現相鄰地區經銷商的資訊互通、經驗共用，同時還有助於廠商對管道分支的管控。並且柯尼卡美能達從中實現了對管道的科學考量，獲得政策制定最有價值的依據，真正實現的管道精耕細作。

市場對於彩色列印掃描產品的需求正在急速增長，而多功能彩色複合機的市場佔有率也在不斷擴張。率先發動變革的柯尼卡美能達獲得了先機，業績獲得大幅度增長。柯尼卡美能達的成功充分說明了：只有把管道做深做遠，才能滿足遠端需求，贏得更多的市場佔有率。所以說，一旦掌握了某種先機，就要勇於搶佔市場。這樣才能贏得競爭。

因此，早起的鳥兒有蟲吃，企業只有先把管道建好，並且在建設管道時眼光放長遠些，把管道建設得足夠深足夠遠，才能爲日後的銷售打好頭戰，最先得到消費者所認可，爲企業帶來意想不到的利潤。

黃金法則16

意外的成功和失敗都是警訊

管理大師杜拉克說：意外的成功和失敗都是很重要的信號。就像一位六十歲的老人第一次「輕微」的心臟病發作一樣，不可輕視。但他認為：在很多時候，「意外的成功」根本就沒有被發現，幾乎沒有什麼人注意到它，從而也沒有利用它。其結果是，競爭對手可能輕而易舉地獲得它，並受益非凡。

ＩＢＭ的發展史證明了重視意外成功所產生的效果。一九三〇年代初期，ＩＢＭ遇到了很大困難，幾乎是滅頂之災。那時ＩＢＭ傾其所有設計了第一台銀行專用的電子記帳器，但是當時美國銀行正處於大蕭條時期，並不想添置新設備，而IBM卻沒有因此停止繼續製造這種機器。

一天，IBM的創立人老湯瑪斯・沃森（ThomasWatson）參加一個晚宴，正好坐在一位女士身旁。當她得知他的名字時，說道：「你就是IBM的沃森先生嗎？你的銷售經理為什麼拒絕向我展示你們的機器？」

一位女士要記帳器做什麼？沃森有點丈二金剛摸不著頭。當她表明自己是紐約公共圖書館館長時，他仍然不解。

第二天早上，圖書館的大門剛開，沃森便親自登門拜訪。原來，圖書館當時擁有數目相當可觀的政府補助。兩個小時後，沃森離開圖書館，手中拿著一份足夠發出下個月工資的訂單。

十五年後，IBM生產出了最早的電腦。與其他美國公司生產的早期電腦一樣，IBM的電腦只用於科學研究。事實上，IBM向電腦業進軍，很大程度上是因為沃森對天文學的興趣。IBM的電腦第一次在麥迪森大街的展示窗與大眾見面時，展示的是以程式計算出月亮過去、現在和未來的所有盈虧。

緊接著企業開始搶購這項新科技，只是大家都想拿來用於普通的事務上，如：薪資計算等。當時，ＩＢＭ的競爭對手，尤尼瓦克（Univac）公司雖然擁有當時最先進的、最適用於商業用途的電腦，但卻不願意為了供應這樣的用途而辱沒這項科技奇蹟。ＩＢＭ雖然也對商業電腦的需求感到意外和吃驚，但是它很快就做出了回應，主動犧牲了原來的設計，改採用競爭對手（Univac）的設計，因為ＩＢＭ的設計並不特別適合記帳。四年之後，ＩＢＭ獲得了電腦市場的領先地位。

意外失敗總是帶給人深刻印象，與成功不同的是，失敗不能夠被拒絕，而且幾乎不可能不受注意，但是它們很少被視爲機遇的徵兆。當然，許多失敗都是失誤，是貪婪、愚昧、盲目追求或是設計或執行不得力的結果，但如果經過精心設計規劃及小心執行後仍然失敗，那麼這種失敗常常反映了隱藏性的變化，以及隨變化而來的機遇。

二〇〇四年五月末，西門子宣佈在歐洲停產其Xelibri系列手機，一個耗費數億美元鉅資打造的新品牌失意退出市場。西門子曾對這一系列產品寄予厚望，在二〇〇二年整個通信產業低潮時，為了擺脫市場對西門子產品缺乏創新的印象，同時也希望藉由將手機時尚化獲得年輕消費者的青睞，西門子打造了Xelibri系列手機。

這個系列的產品在誕生時十分受關注，它基於一個簡單的理念：手機正在變為快速消費品，市場細分日益明確，「在產品設計上追求個性化，在市場上注重細分化」。這個系列產品在初期的確吸引了許多關注。

很多消費者在看到Xelibri系列手機的第一個反應便是由衷的驚歎：「酷」。西門子領導階層也曾發出豪語：「Xelibri將會瓦解現有的手機市場，使行動電話進入時尚佩飾時代」。從產品創新角度看，Xelibri系列看中的是款式和設計，將手機當做個性與身份的標誌，「表現力」正是Xelibri的最大賣點。

在行銷手段上，西門子希望走時尚專賣店的路線，西門子要賣的不是手機，而是一種附有通信功能的飾品；西門子要進入的市場不是通信市場，而是通信與時尚結合的新興市場。但不幸的是，這樣一項酷產品，最終無情地被市場拋棄。

在Xelibri進入市場的同時，彩色螢幕手機越來越成為手機的主流配製，黑白螢幕的Xelibri對於普通消費者而言已經有點落伍，而兩千元以上的價位更讓大部分消費者與之無緣。另外在銷售管道上也遇到了問題。時尚產品的管道與傳統手機消費人群距離很遠，西門子被迫對管道進行整合，傳統的手機銷售終端也開始經營Xelibri系列，但一切都為時已晚。

專家認為這款產品在概念階段就已經錯了。Xelibri系列手機在外觀特徵的變化並沒有帶給消費者太多新印象。從創新的方向來說，這個產品也沒有走大多數手機創新的路。比如彩色螢幕和照相機技術，這兩個已經被市場接受的創新在Xelibri系列手機上都沒有實現，而這兩個方向可說是手機技術的大進步。因此Xelibri手機的創新方向，根本沒有與市場緊密接合。

這個失敗的案例給手機廠帶來了很大的警醒。其實，出現意外失敗的因素有很多，可能是提供的產品或服務，設計或行銷策略不再符合現實；可能是客戶改變了價值觀和認知，雖然他們仍然購買同一種東西，但是實際上，他們購買的是截然不同的「價值」，每一個變化都會導致需求有所不同。上述任何一種變化都是創新的機遇。

當面對意外的失敗時，企業管理人員往往會做更多研究和分析。其實，僅僅做分析和研究是不夠的，意外的失敗代表的是要你走出去，用眼看，用心聽。在任何一種情況下，人們都要將事件視爲創新機遇的可能徵兆而慎重對待，人們不僅只停留於「分析」，必須要走出去進行調查，以此來促進將意外的成功或失敗事件，轉變成有效的發展機遇。

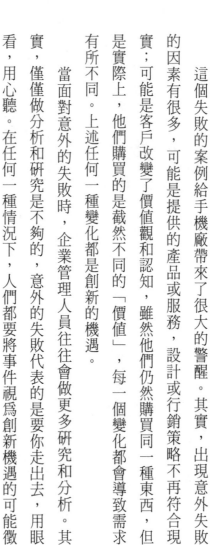

黃金法則 17

貪一時之利是企業的最大陷阱

貪一時之利有兩個含義：一是貪規模，也就是說，儘管是在起步階段，也盡可能地將規模做大；二是貪大利。在很多管理者眼裡，小利潤從來都不被看上眼，他們認為只有捕捉到鯨魚才算是真正的出海，殊不知，以新創企業那麼瘦小的基礎，即使是捕捉到鯨魚，也有可能被噎死。

阿里巴巴和淘寶網是中國最成功的電子商務網站。探究它們成功的祕訣，就在於創始人著眼於小利來設計企業的發展策略。抓住小利，而不是將企業的未來押在大利上。在一次名人訪談節目中，博鼇亞洲論壇祕書長龍永圖問了馬雲一個問題：你（阿里巴巴）現在的供應商當中有多少是中小企業？

馬雲的回答令龍永圖有些吃驚：「我們現在整個阿里巴巴的企業電子商務有一千八百萬家企業支持會員，幾乎全是中小企業。當然沃爾瑪也好，家樂福也好，海爾也好，甚至GE都在我們這兒採購，但是我對這些企業一點興趣都沒有。」龍永圖笑著說：「難怪人家說你是狂人，口出狂言。」在場的人們顯然都不太相信馬雲的大話。怎麼可能會有對大客戶不感興趣的企業呢？

馬雲不慌不忙地解釋道：「我只對我關心的人感興趣。我只對中小型企業感興趣，我就盯上中小型企業，順便淘進來幾個大企業，它不是我要的。我相信是蝦米驅動鯊魚，大企業一定會被中小型企業所驅動。所以我那時候就想企業在工業時代是憑規模、資本來取勝，而在資訊時代一定是靠靈活快速的反應。我唯一希望的就是用IT、用網際網路、用電子商務去武裝中小型企業，使它們迅速強大起來。」

馬雲做的就是提供一個平台，將全球中小企業的進出口資訊彙集起來。「小小企業好比沙灘上的石子，透過網際網路把一顆顆石子全串連起來，用混凝土黏起來的石子們威力無窮。可以與大石頭抗衡。而網際網路經濟的特色正是以小搏大、以快打慢。」「我要做數不清的中小企業的解救者。」另外馬雲還考慮到，因為亞洲是最大的出口基地，所以阿里巴巴以出口為目標，幫助全國中小企業出口，是阿里巴巴的方向，他相信中小企業的電子商務更有希望、更好做。

小利照樣能夠贏得巨額利潤。積跬步，可以至千里；不拒小流，可以成江海。在創辦新事業的過程中，「一夜暴富」，「一口吃成胖子」的夢想往往難以實現。利潤的薄厚不是關鍵，關鍵在於企業能否長久營利。因此，新事業要輕裝上陣，從小利開始做起，莫要讓追求厚禮壓垮了自己。

不想當將軍的士兵不是好士兵，創業者都希望能夠成就一番大事業，這種激情是創業者不斷奮鬥的動力。然而很多創業者卻被這種激情沖昏了頭腦，一味地追求規模和速度，成為機會主義者。看到某個「一夜暴富」的機會就認為自己掌握了規律，以賭徒心態去搏一搏，最終導致一敗塗地。

一口吃不成胖子，用賭性代替實幹精神的唯一結果就是失敗。很多人在創業時賭博似的把大筆的資金投入在高風險的項目上，想放手一搏直接達到成功的目的地。賭場中沒有永遠的贏家，生活中的賭徒會傾家蕩產，創業時的賭性會釀成不可挽回的局面。成功沒有捷徑，腳踏實地才能提高創業成功的機率。在創業初期，不根據自身的實際情況，盲目地追逐規模和速度，必然不能考慮到全面。創業者們必須對自己的發展方向有一個明確的定位，不打無準備之仗，腳踏實地地進行自己的計畫。而不能把希望寄託在遇到絕境之時的放手一搏。創業者想要取得成功，不能一味貪大，必須要培養自己的實幹精神。

首先，創業要從小處入手，不過度擴張。創業初期，資金經驗都十分有限，因此不要太早做發財夢，避免盲目擴張。

張若萌想要自己創業，因為之前做過內衣店店員，她選擇了內衣代理銷售。不想只開家小店的張若萌，向銀行貸款籌集了一大筆資金，開了一家很大的內衣專賣店。然而，由於沒有經營經驗，張若萌對於具體運作完全不瞭解，很快就遭遇到了麻煩。她代理了大批貨物，但是除了自己的店鋪卻找不到分銷管道，每天店內的銷售情況也有限。因此，產品出現了滯銷的情況。加上昂貴的租金和墊付的貨款，張若萌的資金已經開始見底了。

不顧自己的實際情況，一味地貪圖大規模，但自己又駕馭不了，以致陷入意想不到的困境，導致了最終失敗。須知小生意並不意味沒有發展潛力，不要小看小生意，很多知名的大集團都是從各種小生意做起來的。小生意的門檻較低，對想要創業的人來說，從小生意入手是十分明智的選擇。如果經營得好，從中能夠累積經營和管理的經驗，就有了成就大生意的基礎。從小生意中得到大收益的例子數不勝數。一些地方性小商品市場裡經營的都是跟人們日常生活息息相關的小物件，價格低廉，然而因鮮明的特色而成爲商品重要的集散地，客流量數以萬計。美國一家著名的自選連鎖超市，最初是從小鎮上的一個「低價」自選商店開始的。無獨有偶，美國的刷子大王艾富賴德・弗勒也是從經營八美分一把的小刷子而成巨富的。因此，不要因爲生意小就覺得沒有發展前景。只要經營得當，小生意也能賺大錢。

其次，實幹不等於苦幹。如果把實幹理解爲毫無目的的埋頭苦幹可就錯了。創業不會是一帆風順的，困難和磨礪都是必經的階段，想要成就一番大事業就要先做好吃苦的準備。但是有吃苦的意識不代表就要對所有困難「逆來順受」，在不確定目的和方法之前的苦幹不值得提倡。既然有的苦是可以避免的，就沒有非去吃的必要。創業者要自發主動的尋找產業內的訣竅，事前做好準備，規避可能的風險。不要以爲蠻幹苦幹就能成功，成功也是有方法可尋的。創業者不應該有「沒有功勞也有苦勞」的觀念，市場是殘酷的，沒有功勞就沒有人承認苦勞的價值。成功的創業者懂得踏實肯幹的重要性，更懂得高效和借力，有效地利用資源，所以他們成長速度才能比別人快比別人穩。

第三，把握機遇不等於賭博。創業者如果能把握住機遇，成功的可能性就會增加。但是要知道，把握機遇絕不等於賭博。

誘惑都是帶刺的玫瑰，遠觀嬌豔可人，放在手上就會把手刺傷。一個企業不可能在多個領域都能保持領先地位，盲目進入不熟悉的領域，最終的結果只能是失敗。聰明的管理者只會在一個領域裡深耕細作，牢牢把握住這個領域的領先地位。

Volvo把轎車部分出售給福特，專做大型貨車；ＩＢＭ把多年虧損的ＰＣ部門出售給聯想，這些事例都證明了這個道理。

在管理和創業決策上不是依靠理智的決定而是依靠賭性，若無法對眼前的實際情況有清醒的判斷，就算機遇降臨也沒辦法把握。賭博往往是毫無根據、憑藉感覺而做的決策，而把握機遇則是清醒認識且經過深思熟慮後的迅速決策。創業者需要的是科學決策，憑藉自身實力和經驗的累積去獲取機會；而不是沒有任何實力支撐，靠一次運氣去賭而迎來的成功。

最後，合理控制自己的欲望。欲望是推動企業家成功的發動機。一個缺乏成功渴望的企業家註定是碌碌無爲或是凡夫俗子。欲望成就了企業家，同時也摧毀了一些意志不堅定、過度自我膨脹的企業家。很多企業家分不清正常的欲望和不正常的欲望，分不清雄心與野心，最終導致企業在一瞬間灰飛煙滅。

一九九二年，也就是史玉柱創業的第三年。巨人集團成為中國電腦行業的領導者，史玉柱也成為新一代的典範人物，現代商界最有前途的知識份子代表。史玉柱先後被評為「中國十大改革風雲人物」、「廣東省十大優秀科技企業家」，並獲得了珠海市第二屆科技進步特殊貢獻獎。

史玉柱的事業至此達到了巔峰，此時他剛剛滿三十歲。這時的史玉柱自信心開始迅速膨脹，他認為自己沒有做不成的事情。這一年，在事業之巔傲然臨風的史玉柱決定建造巨人大廈。史玉柱犯了一些很低級的商業錯誤，思想極度膨脹，尤其在後來根本就沒有考慮策略角度，缺乏規劃的情況下，現金流斷裂。大樓一再加高，巨人大廈在設計之初只有十八層，不斷被加到七十二層後，史玉柱並沒有因此滿足，他要求地基要按照八十八層來打。按照這種做法，僅預算就需要十二億元。而當時，史玉柱手頭能動用的資金只有兩億元。

過度膨脹的自信心使他在做企業策略時，完全憑自己的感覺和運氣，因而導致失敗。

從失敗中走出的史玉柱坦言：「直到（巨人大廈）『死』的那天，我好像都沒覺得大廈蓋不起來，那時候還是缺乏清醒的判斷。」

市場經濟充滿了兇險和陷阱，具有許多的不確定性和不可預測性，到處都是機會的同時也到處都充滿了暗礁，如果企業家不能有效地控制自己的欲望，極有可能撞上冰山，觸角而沉默。先哲老子在《道德經》中講道：夫唯不爭，故天下莫能與之爭。著名的經濟學家亞當・斯密在《道德情操論中》就談到了一個企業家要學會控制和約束自己的欲望。

欲望總是無止境的，它是個無底洞，總是填不滿。對欲望不加控制而變得貪婪的人往往利令智昏，缺乏理智，最終什麼也得不到。

總之，一味貪心只能是失敗。不要盲目追求擴大規模，想要做「大」必須先做「強」，在有了堅實的基礎之後，才能有穩固的大樓。

黃金法則 18
自己賺錢也要讓別人營利

在企業經營中，要讓他人有利可圖。這是指在企業經營中，不僅要考慮到員工的利益，還要在與其他企業競爭中，讓對手有利可圖。創辦公司不能只為了自己的私利，更應該從他人利益著想、關愛他人，要讓他人也有利可圖。

在企業競爭中，也許很多人都無法理解「利他」思想，也就是「要讓他人有利可圖」。因爲在很多人的想法中，企業經營最主要的目的就是爲了獲得利益，如果一味「利他」話，就是把自己的利益拱手讓人，這違背了企業經營最初的目的。

時至今日，越來越多的人覺得利他的回報不可靠，利己的收益則近在眼前。比如一家化工企業花一千萬元建立汙水處理裝置，以避免對水質的污染，可是卻很難從這一善舉中快速得到好處。反過來，如果省下這一千萬的汙水處理費用，即便污水殃及了魚群，其後果也是多年之後、幾千公里以外的下游才會展現出來。

在經營中，爲了企業的生存和員工的發展，利潤是雇主不得不追求的。這沒有什麼可恥。自由市場的原則就是競爭，利潤是正當營業所應得的報酬。無論是員工還是管理人員都是因爲努力工作之後才獲得利益。然而，如果讓利益蒙蔽了雙眼，完全屈服於「利」，想獨霸所有的市場，這樣的想法是不合情理的。

凱馬特是美國顯赫一時的超級零售商，在二十世紀後期位居美國零售業榜首。現在幾乎所有超市都在使用的收款系統，就是在凱馬特首次得到使用的。

隨著規模越來越大，凱馬特管理者開始變得狂傲。他們認為，在全球的零售業當中，沒有誰是凱馬特的對手。因此從一九八五年起，凱馬特將大量的資金用於收購書店、體育用品、家庭用品及辦公用品店，試圖朝八個不同領域擴展，使自己更加強大，成為零售領域的「全能冠軍」。

凱馬特沒有想到的是，市場的反應並沒有他們預料的那麼積極。事實上，耗費大量資金和精力辛辛苦苦收購來的企業不僅沒有替凱馬特帶來一分錢的利潤，反而年年虧損，凱馬特雖然是零售業的超級霸主，但也經不起這樣的虧損，於是只得將這些企業轉賣。

而當凱馬特四處擴張的時候，沃爾瑪已經悄悄後來居上，並取代凱馬特成為美國零售業的霸主。儘管凱馬特試圖扳回霸主地位，但這時，凱馬特已經雄風不再，結果，凱馬特的營利大受影響，到期的欠款無法支付，最終只能申請破產保護。

沒有利他之心，會使一個企業由盛轉衰甚至失敗。凱馬特的失敗並不是因爲它不強，相反是因爲太強而導致的利己自私之心，這成了趨弱的先兆、危險的預警。

如果多數企業家能夠認識到自利利他的價值，並借此構築利他競爭力，商界會多一些和諧，世界將會因此而改變，一個企業必須以關愛之心，利他之心經營企業。

追求利潤，在競爭市場上打敗對手，這當然很對。但如果把這個觀念放到企業內部的文化上，企業員工就會說，既然企業追求的是最大利潤，希望以最小的付出獲得最大的收入，員工也會是以最小的努力要求獲得最大的收益，這樣的企業有競爭力嗎？有凝聚力嗎？所以，這個文化必須改變，我們要從完全的利己改爲策略性地利他。

無數企業抓住機遇迅速做大，此乃自利則生。與其事後慈善捐款撫慰心靈的不安，不如在發展之初就以利他之心，奠定百年基石，此即利他則久。世界上不可能沒有利己，利己不是罪惡，但是市場上也不能堵死別人的路，這也是商業文明發展到更高階段的重要標誌。

有一個人憑著自己的才能和毅力開創了一家公司。在經營和發展這家公司時，他把「顧客為先、薄利多銷，童叟無欺、誠信為本」立為經營目標，而不像有些企業一開始就以追求利潤為目標。剛開始他所出產的產品利潤很少，大家都認為他肯定會虧本，甚至不出幾個月就會倒閉。但是經過幾個月的時間，他的公司竟然開始營利了，事實證明他的目標制定是非常正確的。

和同行其他企業比起來，他的產品不但價格實惠，而且品質也好，也因此他贏得了顧客，大家都喜歡他們的產品。加上他們公司的誠信理念，使他們在市場上有了很好的聲譽。每件產品都比別人少賺一點的作法，雖然損害了短期的利益，但是正因為他不追逐短期的利潤，為公司計畫著長遠的發展策略，以最好的品質和低廉的價格贏得顧客的不斷增多。這樣時間一長，他所賺的錢不會比強調利潤的公司少，反而還多了一倍。

當其他公司醒悟並開始效仿他們打起價格戰時，由於他的誠信和顧客的慣性消費，保證了顧客選擇他的產品。加上他又在產品的更新換代上下了很多工夫，把一些更適合顧客的產品推向市場，並秉持著公司的一貫宗旨，沒有趁機謀取暴利。正是這種以顧客滿意為滿意，以顧客需要為需要的方針，為他贏來了更多的顧客。而顧客的增多也為他帶來了更多的利潤，令公司獲得了更大的發展。

只爲自己著想的自私者，是難以取得大成就的，最終企業也會拋棄這樣的員工。企業在競爭中，就必須「利己」，因爲這樣能使利潤最大化，公司或自己才能得到最大的好處，才能在企業競爭中處於優勢地位。

作爲企業經營領導者，不管是在管理企業員工，還是在和企業的對手競爭，都要有一顆「利他之心」。讓需要和你合作的人感覺到有利益可圖，有甜頭可嘗，那麼即使是自己不願意做的事情，也會猶豫一下，權衡其中的利弊。這樣就會出現變不利爲有利，變不願意爲願意的局面了。

黃金法則19 再忙也別省下拓展人脈的時間

俗話說得好：「平時多燒香，急時有人幫。」「晴天留人情，雨天好借傘。」真正善於求人者，都有長遠的策略眼光，早作準備，未雨綢繆，在遭遇困難時就會得到意想不到的幫助。創業者往往感覺需要處理的事情太多，時間根本不夠用。但無論如何都不能使自己成為社會交際中的孤島，而應當每年都要抽出一部分時間去維護和拓展自己的人脈資源。

你是否工作很忙，幾乎沒有時間跟任何人打交道？

你是否每天都加班到深夜，根本沒有時間跟朋友打個電話或者一起聚聚，喝杯咖啡？

是的，你確實很忙。每個人都很忙。然而，問一下自己——你真的忙得連跟朋友打聲招呼的時間都沒有嗎？

人脈投資是一種長期投資，你一定要懂得如何在忙碌的生活中抽出時間來聯繫朋友；否則長此以往，身邊恐怕只剩下你養的寵物了！

我們無論如何也不能怠慢人脈。然而，即使認識了人脈的重要性，在經營上也是急不得的。必須在平時就爲人脈添柴加炭，只有不動聲色地以微火慢燉，人脈才會逐漸成熟，朋友才會紛至沓來，成爲你取之不盡、用之不竭的「搖錢樹」。這個時候，人脈的回報率將會是驚人的。

雖說臨陣磨槍不快也光，但是人脈並非如此。「平時不燒香，臨時抱佛腳」，那樣佛祖雖靈，也不會幫助你。因爲平常你心中就沒有佛祖，有事才來懇求，佛祖怎會幫助你呢？所以我們求神，應在平時多燒香。而平時燒香，也代表自己別無希求，完全出於敬意，而絕不是買賣。一旦有事求祂，祂念在平時你燒香的熱忱，也不致拒絕。

有些人過於功利，平時對人不冷不熱，甚至還冷嘲熱諷，有事時卻像是換了副臉孔似的，顯得特別熱情，但這樣的人做人往往很難成功。在聰明人的眼中，你只是把他當做了利用工具。如果你想比聰明人更聰明，就一定要用點「心機」，平時多多去「冷廟燒香」，急時便自有「神仙」相助。

一個人能否發達，有很多的因素影響，例如：機遇。你的朋友當中，有沒有懷才不遇的人？如果有，這個朋友就是冷廟。對他，你應該與熱廟一樣看待，時常去燒燒香，逢到佳節，送些禮物。爲求實惠，有時甚至可以送些錢，讓他自己買些實用的東西。又因爲他尚未成功，可能不會尊崇禮尚往來的習慣，並非他不知道還禮，而是無力還禮。不過，他雖不曾還禮，但心中絕對不會忘記你，這是他欠的人情債，人情債欠得越多，他想還的心越切。所以，日後他若發達，第一個想到的便是你。當他有清償能力時，即使你不去請求，他也會自動還你。這時候你有求於他，就是輕而易舉的事情了。

很多創業者一是由於生意忙，二是感覺共同話題越來越少，因此與同學、親友、同事和原來的客戶聯繫地越來越少，甚至好幾年都未通音信，關係也越來越生疏。有的創業者經常抱怨自己人脈資源不夠寬廣，而他們一方面在努力尋找新的關係，另一方面老的資源卻未能好好維護，處於不斷流失的狀態之中。而有些人雖然偶爾也會和親朋好友們聯繫，但僅限於打個電話或者發條短訊簡單問候一下。其實，關係維護主要應當透過見面來實現，各種通訊工具雖然便捷，但並不能完全替代當面溝通。

語音電話、手機短訊、網際網路、E-mail、MSN等現代通訊工具的發展，使人們日常溝通與資訊傳輸更爲方便快捷，但也造成了對這些工具過度依賴的問題，聚會和當面溝通比以前變得更少。創業者本來就容易因忙碌而懶得與朋友聯絡，潛意識裡不願爲交際而耗時費力，現在又找到了有事情可以打電話、發短訊、MSN留言的藉口，就更不願意爲此奔波了。漸漸的，我們會發現自己與很多好友來往越來越少，直至某一天突然發現原來大家已經變得非常陌生，自己處於孤島狀態。

實際上，人脈和基金一樣，也需要打理和經營。人情就像你在銀行裡的存款，存的越多，存的越久，利息便越多。我們平時送人情，一定要把人情做足，你就要想朋友之所想，急朋友之所急，在他最困難、最需要幫助的時候，給朋友一個人情，那這份人情的分量就會更大。

錢鐘書先生一生日子過得比較平和，但在上海寫《圍城》的時候，也窘迫過一陣子。辭退傭人後，由夫人楊絳操持家務，所謂「卷袖圍裙為口忙」。那時他的學術文稿沒人買，於是他寫小說的動機裡就多少摻進了掙錢養家的成分。一天五百字的精工細作，卻又絕對不是商業性的寫作速度。恰巧這時黃佐臨導演排演了楊絳的四幕喜劇《稱心如意》和五幕喜劇《弄假成真》，並及時支付了酬金，才使錢家渡過了難關。時隔多年，黃佐臨導演之女黃蜀芹之所以獨得錢鐘書親允，開拍電視連續劇《圍城》，實因她懷揣老爸一封親筆信的緣故。錢鐘書是個別人為他做了事他一輩子都記著的人，黃佐臨四十多年前的義助，錢鐘書多年後還報。

人情需要經營，雪中送炭，這是做人情最起碼的常識。我們內心都有一些需求，有緊迫的，有不重要的，而我們在急需的時候遇到別人的幫助，則內心感激不盡，甚至終生不忘。瀕臨餓死時送一顆蘿蔔和富貴時送一座金山，就內心感受來說，完全不一樣。

人的精力是有限的，我們不求關係網多大，但要求好、求精。打理人脈網，可以從以下幾個方面入手：

一、篩選

就像打撲克牌的「底牌」，把有用的留在手上，無用的埋掉。我們可以把有直接關係、間接關係或沒有關係的分別記錄下來。

二、排隊

就像打撲克牌的「理牌」，對認識的人進行分析，依哪些是重要的，哪些是比較重要的，哪些是次要的，根據自己的需要排隊。由此可以根據不同的級別進行重點的維繫和呵護。

三、對關係進行分類

生活中涉及的關係可能與各方面有關。有的關係可以幫你辦理相關手續，有的能幫你出謀劃策，而有的則能提供資訊。雖然作用不同，但都有作用。

四、隨時調整

世界上一切事物都處於不斷地運動、變化和發展之中，人際關係也是如此。需要不斷檢查、修補和調整，尤其是針對個人的發展、環境的變化或關係網的情況進行及時調整，構築最新、最有效的關係網。

在實際生活中，需要調節人際結構的情況一般有三種：

(1)奮鬥目標的發展。也許你的奮鬥目標已經實現，也許你的奮鬥目標變了——比如棄醫從文，這需要你及時調節人際結構，以便爲新目標更好地服務。

(2)生活環境的變動。在當今這樣的資訊社會，人口流動性空前加快，本來在甲地工作的你，忽然到乙地去工作。這種環境變動，勢必引起人際結構的變化。

(3)某些人際關係的斷裂。天有不測風雲，朝夕相處的親人去世了，在傷痛的同時，不能不看到人際結構的變化。

可見，調節人際結構有被動調節和主動調節兩種，不管是何種調節，都要求我們能迅速適應並經營新的人際結構。

在我們的工作和生活中會遇到很多問題，單單依靠個人的力量很難解決。但是朋友多了會幫你出主意、出人力、出物力、出財力，和你一起解決問題，那樣你前方的路就變得寬廣了。那麼，我們該從那些方面去充實自己的人脈呢？

一、個人關係

即家庭、親友，一切與你有「感情瓜葛」的人。在這些人的身邊，你會感覺良好，渾身是勁。他們深愛著你，因為你的快樂而快樂。他們是你人際關係的核心，能在你需要的時候提供最貼心的幫助。

二、專業網路

這個網路顯然比別的關係更為疏遠。它包括和你共事過的人，你的老闆、導師和教授，和一些職業諮詢者等。雖然他們不能馬上給你帶來實際的幫助，但是藉由一些關係網的累積，它們會為你的事業和工作帶來無限的可能。

三、社交圈子

與個人關係相比，社交圈子比較大。你們擁有共同的志趣，比如散步、遠足、騎單車或是看電影。假如剛搬到一個小鎮，你可以在業餘學習的課堂上，或者在參加社區義工時結識良師益友，拓展社交圈。

四、多認識一些有圈子的朋友

在結交朋友的時候，也可以選擇簡便有效的方法，迅速擴大自己的朋友圈子。那麼怎樣才可以做到這點呢?那就是多認識一些朋友，透過朋友再認識他們的朋友，由這個朋友圈子再結識另外一個朋友圈子，這比一個一個去認識朋友的效率要高多了。

所以，想擁有成功的人生，一定要有選擇地去結識有價值的朋友，迴避沒有價值的人際關係。如果能做到「交」到一個朋友，就「交」到了一個新的圈子，無疑是交友的最佳境界。

五、經常打理你的人脈

知識不是一天能學得完的，同樣人脈網也不是一天就能搭建起來。每當結識一個新面孔，就一定要努力地將他或她變爲你人脈大樹中的一片葉子，這樣才能在用得到的時候帶給你一個滿意的結果。其實每個人都可能會遇到一些突發的狀況，而當你拿起求救電話的時候，對方是否能夠及時地「拉你一把」，就取決於平時的累積了。

因此不斷吸取養分，打理好自己的人脈大樹，絕對是目前最該身體力行的迫切任務，千萬別等到「火燒眉毛」的時候再去望洋興嘆，那是於事無補且毫無意義的。

黃金法則20 請教高手是為了獲得啟發而非訴苦和辯論

向高手或者前輩請教不是示弱。其實越是強者，越是走過很多彎路，他總有很多經驗和資源，當然還有最寶貴的人脈關係，他一般都善於分享而且願意提拔後來者。而且大多數商業環境並非是只有一個人才能生存的叢林地帶，所以這也對他有利。說出你的問題，你會得到建議，但不要抱著先入為主的觀念去請教。

創業是充滿創造性的事情，無論創業者原來的經驗如何豐富，或多或少都會感覺力不從心，對其中很多東西把握不好。在這種情況下，創業者非常有必要虛心地向親朋好友甚至是專業人士請教。請教的目的有以下三個方面：

一、借此機會，在深入交流的基礎上，進一步加強人脈關係，期間甚至還可能會拓展一些新的人脈資源，爲自己事業長遠的發展繼續儲備條件。

二、拓展思路，爲現實中遇到的具體問題尋找更多的解決思路和方法，或者在相互探討當中得到某種啓發。

三、發洩情緒，爲自己找到一個可以傾訴的機會，舒緩心中已經累積許久的壓力，便於以更加積極與理性的姿態重新投入工作。

請教本來是一件很好的事情，但是，很多創業者，表面上非常謙遜地向別人請教和探討問題，而實際早就有了先入爲主的判斷，只是希望透過別人來論證自己想法的合理性。這種傾向是非常不好的，創業者帶著這樣的傾向去請教，非但不能發揮出應有的效果，還可能使自己走火入魔。

放掉無謂的固執，冷靜地用開放的心胸去做正確抉擇。他人的指引會讓你少走彎路，離成功更近一些。

哈佛大學畢業生安德魯是一家大公司的高級主管，他面臨一個兩難的境地。

一方面，他非常喜歡自己的工作，也很滿意工作帶給自己的豐厚薪水——而且他的位置使他的薪水只增不減。但是另一方面，他非常討厭他的老闆，經過多年的忍受，他發覺已經到了忍無可忍的地步。在經過慎重考慮之後，他決定去獵頭公司重新謀一個高級主管的職位。獵頭公司告訴他，以他的條件，再找一個類似的職位並不難。

回到家中，安德魯把這一切告訴了他的妻子。他的妻子是一個教師，那天剛剛教學生如何重新界定問題，也就是換個角度思考當前正在面對的問題，甚至完全顛倒過來看——不僅要跟以往看這問題的角度不同，而且也要和其他人看這問題的角度不同。她把上課的內容講給安德魯聽，給了安德魯啟發，一個大膽的想法在他腦中浮現。

第二天，他又來到獵頭公司，這次他是請獵頭公司替他的老闆找工作。不久，他的老闆接到了獵頭公司打來的電話，請他去別的公司高就。儘管他完全不知道這是他的下屬和獵頭公司共同努力的結果，但正好這位老闆對於自己現在的工作也厭倦了，所以沒有考慮多久，就接受了這份新工作。

這件事最美妙的地方，就在於老闆接受了新的工作，他目前的位置空出來了。而安德魯申請了這個位置，也得到了這個職位。

工作中遇到安德魯的情況，很多人的選擇就是辭職走人，但是安德魯在妻子的建議下，他放下自己固有的想法，悄悄讓老闆走人。這真是一種明智的做法。可見遇事之後，如果能多多聽取他人的意見，會讓你受益匪淺。

商場上會面對很多機會，常有許多不同的選擇方式。有的人會單純地接受；有的人抱持懷疑的態度，站在一旁觀望；有的人則頑固得如同驢子一樣，固執地不肯改變固有的觀念和做法，也無法接受任何新的改變。不同的選擇，當然會導致迥異的結果。許多成功的契機，起初未必能讓每個人都看得到深藏的潛力，而起初抉擇的正確與否，往往更決定了成功與失敗的分水嶺。有時候發生在自己身上的事情都會當局者迷，當自己無法做出選擇的時候，不妨帶著你的疑惑，去請教信任的人，考慮他們的意見之後再做決定。

在人生的每一個關鍵時刻，審慎地運用他人的智慧，必要時放棄自己固有的觀念和想法，聽取他人意見，選擇屬於自己的正確方向。

當然，現實情況往往和理想狀態存在著巨大的差距。從大多數草根創業者的真實情況來看，他們向別人請教的真正目的，並不是爲了清除疑問、尋求啓發或者解決方案，恰恰相反，而是爲了要別人替他打氣，論證自己想法的合理性和正確性，或者是尋求一點心理上的安慰。向別人請教和探討的過程，在性質上更傾向於向對方兜售自己的想法，促使對方認同自己的判斷。當然，如果請教者自己的判斷正確的成分較大，倒也無傷大雅，但不少時候他們會把自己錯誤的判斷拿出來要求別人認同，讓對方幫助自己論證。倘若別人指出其中的不當之處，他們又會不太高興，極力爲自己辯護。在這種情況下，由於創業者請教的多是親朋好友，礙於面子，一般不會批評創業者或者和其爭論，頂多善意地敷衍一下，點到爲止。

但是，創業者老是先入爲主，自以爲是，遇到問題四處請教別人，這種請教還不如不請教。且不說浪費時間，非但不能取得應有的效果，反而進一步強化了先入爲主的想法，自己還渾然不知。不但於問題的解決沒有多大幫助，且從長遠來看，也限制了自己能力的進步。甚至還容易導致盲目自大、過分膨脹等嚴重問題。

因此，作爲創業者，向別人請教，要取得良好的效果，必須注意一些具體細節。

一、自己首先應對問題的全貌有一個比較清晰的認識，並能大致從中梳理出關鍵脈絡，這樣可以方便對方把握關鍵要素，節約大量時間，提高交流效率，同時也能讓對方留下思維清晰、潛力巨大的印象，進而還能激發對方的積極性。

二、以一種真正請教和探討的心態，而不是辯論的姿態行事，請教的目的是希望從別人身上受到啓發，得到行之有效的解決方案，絕非訴苦和辯論，不是讓別人同情自己的苦衷，而是從別人那裡獲得真正的破解之道。

三、我們要提供給對方的是與問題直接相關的重要資訊，而不是自己先入爲主的判斷和結論。相關事項判斷的權利要交給對方去行使，自己則根據對方的要求來補充相應的情況。只有這樣的過程，才是謙遜有效的。

四、注意說話的輕重。有些人在日常交際中，對問題缺乏理智，不考慮後果，說話沒輕沒重，以致說了一些既傷害他人又不利自己的話。其實，把話說得有輕有重，並非人們想像中的那麼難。只要將心比心，把自己放在別人位置上想一想，就知道我們所說的話有多少分量。

一旦與人爭論發生衝突時，一定不要把話說絕，特別是朋友之間的衝突，你的一句「斷交」，也許就此便失去了人生中最好的朋友。在一些公共場合說出重話，會引起對方的暴躁不滿，一旦對方忍無可忍出言回罵或動手傷人，對彼此將非常不利。

黃金法則21 打出感情牌，把交易變成交情

交易是讓人鄙視的，而交情卻一向受人推崇，同樣是互通有無的交換。打好感情牌，就突出了朋友的情分，淡化了交易的實質，無論哪一方都很容易接受。生意場猶如一張蜘蛛網，把交易換成交情，在生意場上才能左右逢源，四通八達。

有一位著名學者曾經說：如果讓一百名最有權的人、一百名最有錢的人和一百名最有名的人，全都遠離他們現有的地位，遠離人際關係和金錢，遠離目前聚焦在他們身上的大眾傳媒，那麼這些人將變得一無所有，

沒有權勢，沒有金錢，也沒有聲望。

爲什麼會這樣?究其根本，就在於這樣做等於剝奪了他們的全部資源，切斷了他們進行交易的管道。其實在這個社會上，我們每個人都有自己力所不及的短處，也有別人達不到的優勢，權力並非屬於個人。財富隨時流通，聲望更是人捧人的結果。想達到自己理想中的目標，就必須與人交換，互通有無。

「赤裸裸的交易」這一說法常被人們提起，似乎所有的交易都與溫情、義氣離得太遠，事實真的如此嗎?不，人情練達者是可以把「交易」當成「交情」做的。

有一家工廠績效不是很好，工人們的工資都很低，當工人們要求增加工資時，老闆娘出來應對局面。

幾位工人代表要求與老闆面談，老闆娘說：「咱們工時太緊，就不耽誤時間了，反正飯總是要吃的，就在午餐時間談談吧。」

在工廠附近的小餐館裡，老闆娘點了幾個既實惠而又可口的菜，還要了啤酒。趁大家吃飯時，她說：「各位，你們希望公司倒閉嗎？」當然沒有人希望工廠倒閉，如果倒閉了，他們就會失業，連眼前的低工資也拿不到了。

老闆娘繼續說道：「如果工廠倒閉了，大家一分錢也拿不到。我也不希望工廠倒閉，我與你們有著共同的利益關係，工廠倒閉了對我們每一個人都沒有好處。如今我們只有團結一致，共同渡過難關，工廠績效好了，大家才都有飯吃。」

工人們吃飽喝足之後，心氣都平順了很多，現在又聽了老闆娘的話，感覺到老闆娘與自己有著共同的利益關係，覺得工廠績效好了，老闆娘發財了，工資收入自然就會水漲船高。結果這些工人不再向老闆要求增加工資，而是開始齊心協力，人人都努力工作，最終把工廠開得有聲有色，老闆娘和工人們都實現了自己的願望。

人際關係亦即人緣，這種東西是要自己去創造的，它並不會從天上掉下來。如果太客氣、太生硬、太內向，就會失去許多和人接觸的機會。許多人就是由於欠缺這種能力，所以人生困難重重，事事不順。而有些人天生就會做人，每個與之交往者都如沐春風，把他當成能爲自己帶來快樂的好朋友。這樣的人他一生的路應該都會非常好走。

交情中混雜了利益關係並不要緊，只要事情做得順理成章，就能夠獲得社會的認可，無損於雙方的形象。想讓自己擁有成功，絕對不能忽視了你的「人緣」。

在現實生活中，有些人彷彿天生就有一種魅力，三言兩語，就能使雙方的關係提升到一個新的層次。這裡面有一個非常簡單實用的小技巧，那就是把對方當成自己人，以此爲出發點考慮問題，自然而然地，他就會被你的熱情所感動。

把朋友看做財富，把義看做利，而且善於以讓利的心態把客戶變成朋友，就能做到「買賣不成人情在」。

錢先生經營著一家服裝廠，他主要是做出口生意，很少內銷。錢先生經常說，「眼睛只盯著錢的人做不成大買賣。」「買賣中也有人情在，抓住了這個人情，買賣也就做成了一半。」

錢先生不僅如此說，也是如此做的。二〇〇〇年，錢先生的玩具廠還是一個只有幾個人的小廠，憑著質優價廉勉強在市場上混口飯吃。有一次，一個法國客商定購三百五十套玩具，錢先生按照對方的要求包裝完畢後運到碼頭準備發貨，就在這時，這個法國客商卻忽然打電話要求退貨，原因是該客商對當地市場估計錯誤，這批貨到法國後將很難銷售。

退貨的要求是毫無道理的，錢先生大可一口拒絕對方，反正合約都已經簽了，但經過兩天的考慮，錢先生卻決定答應對方的退貨請求，因為對方答應支付包裝、運輸等一切費用，這批玩具由於是外銷產品，在國內市場應該可以銷售出去，所以錢先生等於沒有損失，而最大的好處是他這樣做等於是幫助了法國客商，雙方將建立良好的合作關係。

事情果然正如錢先生所料，法國客商非常感謝錢先生的大度，表示以後在同類產品中將優先考慮錢先生的產品，他還不斷向自己的朋友誇獎錢先生，為錢先生介紹了很多的生意。

就這樣，錢先生以他富有人情味的經商模式，成功地在國際市場上站住了腳。兩三年內，錢先生的玩具廠不斷擴建，員工發展到六百多人，他的生意越做越大。

錢先生是非常聰明的，他清楚地認識到人緣對生意的重要性。如果當時他拒絕了法國客商的退貨，那麼雖然他做成了一筆生意，卻會損失這個客戶。而答應了退貨的要求表面上好像吃了點虧，但他卻交了一個朋友，孰輕孰重，明眼人一看就知道了。

在許多人的心目中，商場就是戰場，充滿著爾虞我詐、你死我活的鬥爭，根本沒有什麼人情好講。其實不然，想在商場上不被競爭淘汰掉，你就必須懂得打好感情牌，它會替你帶來意想不到的機遇。

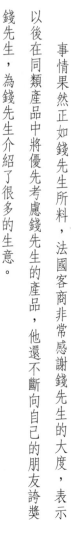

需要注意的是，在日常交往中，人情總是要有的，但有了一點交情就要拼命用完的人，確實是太目光短淺了。你送朋友一個人情，朋友便欠了你一個人情，他一定會回報你的，因爲這是人之常情。有人會覺得，這樣一往一來，彷彿商品買賣，我給了你錢，你就必須給我商品。其實不盡然。人情的償還並不是商品的交易，付錢便可以帶走商品了，那樣太沒人情味。你不欠他，他不欠你，他日你需要幫忙，他憑什麼給你面子？所以，人情的償還必須看時機，否則交情變成交易，你與朋友的面子都掛不住。所以，做足了人情，給夠了面子，一旦時機成熟，這些人情自然就會爲你帶來回報。

總之，將交易變成交情，需要打好感情牌。那麼，在商場上，創業者怎樣才能充分運用這張感情牌呢？照著以下的方法自我調適，就能讓人際關係向前更邁進一步。

一、放下身份

不管是什麼身份，如果想要受人歡迎，就得要放下身份。想想看，誰會接近一個成天緊繃著臉、眼睛長在頭頂上的人。

二、把話說得親切點

話說得太正經八百，就會拉出距離。「嗨！穿得這麼美幹什麼？有約會喔！」這句恭維話就比「嗨！你今天穿得非常漂亮」要來得親切。

三、偶爾裝點瘋，賣點傻

沒有人喜歡成天看一本正經的苦瓜臉。偶爾裝點瘋，賣點傻，就算嘴裡講著歪理，也不會有人怪你，反而會跟著輕鬆起來插科打諢一番。

四、說起話來可別像老師上課

就算再有道理，也別把話說得硬邦邦，讓人聽了不舒服。在朋友之間說理，點到為止，別成天囉嗦碎念，讓人見了退避三舍。

五、把熱情拿出來，把誠懇寫在臉上

朋友之間遇到麻煩需要有人處理時，儘管舉起手來大聲說：「讓我來！」平日時常打個電話問候一下，別在有求於人時才登門拜訪。

六、老鄉就是一筆財富

老鄉說是無價，其實有價，只不過價碼並不是用金錢計算。溫州商人是一群個性鮮明的生意人，他們走到哪裡都那樣引人關注，不僅是因爲他們的口音，更因爲他們出色的經營頭腦和獨特的經營方式，使人們很容易將他們區分出來。他們創業有一個特點：一旦有賺錢機會，若是沒有能力獨自做成，他們便會招來親戚，很快在當地形成一個「溫州村」，開出一塊經濟「領地」。

商人非常注重打好人際關係，不僅僅是親朋之間，不管是普通的朋友，還是生意上的老鄉客戶，都是一種寶貴的資源。做生意一定要廣交朋友，打好關係無疑就一條獲取資訊十分有效的途徑，這樣你就能夠在競爭中處於領先的地位，取得事業上的成功。

黃金法則22

把結識社會名流當成任務

廣泛結交社會名流，對於長遠發展有相當大的幫助，這些人永遠站在潮流的先鋒，對事情的考慮也有發展的目光。和他們交流，能學到平時根本學不到的知識。正如好萊塢很流行的話：「成功，不在於你知道什麼或做什麼，而在於你認識誰。」

有的創業者很想跟那些身份尊貴的社會名流打交道，只是苦於沒有辦法結交他們，而且也害怕社會名流不願理會像自己這樣的平民百姓。事實上，能不能結識社會名流，在於自己肯不肯用心和努力。只要善於尋找，總能找到一個結識社會名流的機會。

所謂「社會名流」，簡單來說就是對自己有幫助的人。在人脈建設中，結識社會名流往往對事業有著明顯的效果。因此，在攀向事業高峰的過程中，打造自己的貴人圈，是每個人際高手的必經之路。實際上名流也是人，只要你方法得體，不怕一時的「閉門羹」，名流也會欣然接受你。

洛斯查爾德家族的開創者麥雅，當初只是一位猶太窮孩子，做著古幣和徽章收藏的小買賣。一天，他獲准晉見當地的領主畢漢姆公爵。麥雅趁此機會，以犧牲血本的超低價格向公爵推銷珍貴的徽章和古錢幣。

公爵正在興頭上，把麥雅推薦的徽章和古錢幣全部買下了，但此時這位二十歲的猶太小商人似乎並沒有引起公爵的注意。

麥雅的目標不是這一筆買賣，也不只是長期買賣，而是要利用建立長期買賣來抓住公爵這個人，他認為公爵對他將會有更大的用處。

於是他不斷以超低的價格向公爵推銷古錢幣和徽章，於是收集和買賣古錢幣徽章，終於成為公爵的一大嗜好。

麥雅經過努力，終於打開了通往宮廷的門。他雖然損失了許多經濟利益，卻牢牢的穩固了和公爵之間的關係，並且深深贏得了公爵的信任。他經常替公爵兌換一些匯票。再後來，他甚至掌握了公爵一部分財產的處理權，並在二十五歲的時候榮獲了「宮廷御用商人」的頭銜，實際上也就解除了許多套在猶太人身上的枷鎖。麥雅整整為公爵效力了二十年。

在法國大革命期間，麥雅協助公爵進行金融和軍火交易，為公爵贏得了不少利益。不但把巨額資金借給那些正缺乏軍費的君主和貴族以賺取定額利息，同時還進行軍火交易。很快地，珠寶、借據、期票等便堆滿了他的金庫。

當然，麥雅不會忘了自己的家族、自己的身份。他大力施展商業才華，在戰亂年代，為家族贏得了巨額資產。他借用公爵，為其後來建立猶太金融帝國打下了堅實的基礎。

麥雅不惜血本與特權建立牢固關係，然後回過頭來再從這些人身上獲取遠甚於此的更大利益。先捨後得，為了自己的長期利益暫時放棄一些近期利益。事實證明，麥雅的確做對了。在後來的歲月裡，將金錢、心血和精力壓寶般地投注到某一特定人物身上的做法，已成為洛斯家族最基本的戰術。

因此，想成功，廣泛結交商界、政界、和社會知名人士，就是拓展人脈的關鍵！在社會名流的庇護下，你可以抓住一切有利的優勢與機遇，爲自己累積財富，這些政治敏銳的人往往可以帶給你可靠的商業資訊，幫助你做出正確決策。

對商人來說，你可以借勢力來打開自己的經商之門，從而加速成功的步伐。商界常說的「借」關係生財就是這個道理，即借用一定的關係使自己原有的財富更加充足。

美國億萬富翁哈默在事業剛開始起步時就巧妙地「借」用了關係，

最終獲得「點石成金」的封號。

最初哈默憑藉與列寧非比尋常的關係去前蘇聯考察之際，發現了無限商機，為他此後的財富劇增起到了不可磨滅的作用。

當時的蘇聯正處於遍地饑荒的時候，而另一方面他們卻擁有大量因為沒有出口途徑而積壓成堆的皮毛、寶石、白金、木材和礦石等。反觀美國卻是另一個相反的情景，糧食多得許多人只好往海裡倒。兩者相對來看，聰明的哈默認為這其中蘊藏著巨大的賺錢機會。他把自己的想法向前蘇聯官方表述了以後，還被召到列寧的辦公室去面談，得到了列寧的稱讚與大力支持。

於是他從美國買進大批的糧食運到前蘇聯，賣給當地人民。這不僅大受當地人民歡迎，也為自己的口袋賺進了大筆的錢財。

由於有列寧的支持，哈默放開手準備大幹一場。後來，哈默說服福特到前蘇聯去發展，並且讓自己成為福特的代理商。這一做法，不僅為福特帶來了更大的市場，哈默個人也獲得了不少的利益。由福特這一個代表性的指標，此後不論哈默走到哪裡，都會有商家請求哈默成為他們的代理商。

在前蘇聯，當哈默代理的商品被當地人民一搶而空的同時，哈默經營的皮毛、寶石收購站的顧客也是蜂擁而至，每天都門庭若市。僅僅兩年時間，哈默的營利翻了好幾倍，達到十多萬，甚至幾十萬美元。

基於哈默與列寧的關係，他的發展可謂是一帆風順。官方不僅不加阻礙，而且都很配合，各方面都盡力給予幫助，因而很短的時間內他獲得了巨大的收益。後來，因為哈默與蘇共書記勃列日涅夫結成好朋友的關係，他又再次和前蘇聯簽訂了一筆兩百億美元的合約。

哈默的借術可謂技高一籌，憑藉與前蘇聯最高領導人的關係爲自己大開財源。「三分天註定，七分靠打拼」，有了必備的條件，加上不懈的努力，也並不代表一定成功。事實證明，沒有諸葛亮的東風，周瑜也只能望江興歎。

人們常說：「物以類聚，人以群分。」的確，我們如果仔細觀察一下窮人就不難發現，他們大多喜歡和窮親戚，窮朋友交往，遇到事情時也多願意請窮熟人幫忙；他們對這個圈子有著根深蒂固的信任感和依賴感，在裡面覺得自在、舒服，不願也無法離開這個圈子去看看外面的世界。實際上，這恰恰是成為富人的大敵。

富人聚集的地方往往蘊涵著無盡的「金礦」，努力打入其中，你就能收穫意想不到的支持和幫助，讓你的致富之旅如虎添翼。因此，想成為一個成功的商人，就應當儘量結交社會名流，畢竟，始終在窮人圈子裡混，是無法混出名堂的。

在自己所處的環境裡，只有與站在頂點的一流人物交往，並學習其觀念、優點、做法，才能引導自己向上。名流中固然有名不副實者，但大多數人確有本事和才能，倘若能吸取他們的經驗中的精華，對你的生活和工作必將大有助益。而與那些遠不及自己的人往來，最後很容易使自己落到那些人之後。

結交名流也可能獲得更切實的幫助。如果你立志在商界闖出名堂來，首先就要想辦法接近商界名流，與其交往，建立起良好的信賴關係。一旦與你建立了信賴關係，他就會考慮：「替這個人找個機會吧。」如此一來，你的命運可能會大獲改觀，甚至可能一層層地脫胎換骨，一步步走入名流社會。有名的人往往有深遠的影響力，一句讚許的話就可能使你受益良多。

攀龍附鳳之心大部分人都有，誰都希望有個聲名顯赫的朋友，認識一個明星，或者隨便什麼大人物。如果能躋身於他們的行列，自己也就沾上了榮耀，在別人眼裡也就身價大增了。所以對於你來說，用盡辦法，絞盡腦汁，一籌莫展的時候，適當地借助一下「名人」的名氣，或許可以讓你遇到的問題迎刃而解。當你身邊實在沒有合適的說客幫忙時，也可以借用一下名人的地位和聲望，充當你溝通的媒介。

我們這裡所謂的「名人」，是頻繁出現在媒體、曝光在大家面前的，是大家眾所周知的。甚至只要是你身邊圈子裡小有名氣的人都可以算是「名人」，而借助「名人」效應，最主要的就是「名」。只要牢牢抓住「名」，並巧妙地加以利用，對你的事業人生會有如虎添翼的作用。

打「名人牌」就是利用人們的心理，讓自己的利益最大化。利用名人做宣傳是一種雙贏的選擇，讓名人出盡風頭，也讓自己出盡風頭。善於「借名借勢」，你就可以「借」出財富，「借」來成功。

那些某一個地區或者某一個領域裡的名流，他們的存在本身就是一種力量，輕輕一句話，就可能為你或是你手中的產品打開一扇意外之門，遠比你自己跌跌撞撞有效得多。

那麼，怎樣才能結交社會名流呢？結交有分量的大人物，首先要從你自己狹小的世界裡走出去。社交聚會，比如聚餐或商業酒會等，是展現你社交才能的好時機，在這種半正式的場合，你若能夠恰到好處地將娛樂與工作聯繫起來，那麼你的人脈網又將往外拓寬，這就是另外一番境界了。

那些成功的「社交動物」總是穿梭在會場中和各色人等安排會面，

邀約晚餐，把握機會去認識可以改變自己一生的人。很多社交聚會的主題內容是什麼並不重要，重要的是參加的人。成爲優秀的社交者就一定要知道自己的目的不是有趣的活動，而是那些參與的人，這才是重點。想從社交聚會中滿載而歸，也是有跡可循的，你可以從以下幾個方面做起。

一、打入主辦人的圈子

社交聚會往往需要兼顧許多細節，其中可能發生的混亂正是你伸出援手幫忙的好機會，進而在這個過程中成爲主辦人中的一員。一旦你成爲聚會的局內人，便可以知道誰會參與，以及聚會中精彩活動的內容爲何。

如何讓自己參與進去？這其實並不難。首先，查閱資料，登入主辦方的網站，找出統籌會議的主要負責人是誰，打電話聯繫這個人。他們通常工作繁重、飽受壓力，你可以在會議開始前幾周便打電話說：「我很期待你所主辦的聚會，很想幫忙讓它更精彩，希望能貢獻一些資源，不論是時間、創意或人脈關係都可以，好讓聚會能一炮而紅，不知道是否有我能效勞的地方。」

二、和聚會中的重要人物套交情

如果你認識聚會中認得所有在場人士的人，就可以跟著他穿梭全場，會見場內其他重要的人物。聚會的主辦人、主客都可算是重要人物。

要實現找出這些關鍵人物的願望，就應在他們之前提早到場，站在主要出入口或簽到處附近，上前自我介紹或跟在後面找機會上前認識他們。

和對方攀上交情後，就讓自己變成「資訊核心」，這是優秀人脈專家的關鍵角色。如何辦到？你必須找出周圍人想知道的資訊，有備而來。這些資訊可能包括業界的八卦、當地最棒的餐廳、私人派對等，讓大家知道這些關鍵資訊，或讓其他人知道如何取得這些資訊。當你成爲資訊來源時，便變成了值得他人認識的對象。

三、創造讓人驚喜的「偶遇」

這要求你在偶然撞見目標對象的兩三分鐘內，邀請對方稍後再碰面聚聚。這種招數需要簡潔有力，讓人覺得又快又有意義。

偶遇是你很快和對方認識，並搭起足夠的關係，以方便下次再聚，之後又繼續各自活動的一種方式。參加社交聚會，當然想在有限的時間內認識愈多人愈好。但要記住，你並不是要在此結交摯友，而是要認識夠多的朋友，以方便後續追蹤。

四、後續追蹤，不能斷了聯繫

兩個人要建立關係，需要長時間的追蹤。在偶遇的兩分鐘內，用心傾聽，詢問公事以外的生活瑣事，讓彼此在互動中流露出些許感悟，有助於營造你們之間誠摯的關係。

黃金法則23

在高層次的圈子挖掘最需要的資源

永遠不要說「我一無所長」、「我一無所有」之類的話，你的專業、技能、性格乃至透過你這個人可以聯繫起來的社會關係，都是你獨一無二的資源。你所要做的，就是開發出這些資源的最大價值，在商業活動中與人互惠互利。

關係推動生產力，因此社會關係的建立和運用是商人必要的能力；但關係不等於生產力，若把社會關係當成解決企業發展的靈丹妙藥，則是本末倒置，大患遲早降臨。

沒有人會主動地去認識一個毫無發展的乞丐，但卻有許多人會爲了認識達官貴人而趨之若鶩。無非就是爲了沾他們的光，利用他們的聲望和權力，對自己所做的事情有所幫助。

在現實的社會中，當一個人有了能被他人「利用」的價值時，別人才會主動地接近、認識，從而得到需要的幫助。所以，想要擁有良好的人脈，去認識有「利用價值」的人是一種途徑，但更重要的是，要打造自己，使自己成爲一個有「利用價值」的人！

當你足夠優秀，讓別人看到了你的價值，那麼你就會得到認可和重視，主管會考慮提拔你，給你更大的平台去展示自己；他人會願意接近你，期望你可以對他們有所幫助。相反，若你一直平凡，一直不被人所發現，那麼你的機會就很小了。你始終在自己的小範圍裡活動，沒有擴展更大、更廣、更有用的交際圈，其他人在此期間卻把事業和人際都處理得相當好。同時，由於心理失衡，容易產生怨天尤人的消極情緒，總覺得什麼都不夠理想，總覺得自己被埋沒了。其實，這都是因爲你沒有展現出價值，導致沒能得到應有的舞台。

一八四七年，俾斯麥成為普魯士國會議員，在國會中沒有一個可信賴的朋友。讓人意外的是，他與當時已經沒有任何權勢的國王腓特烈威廉四世結盟，這與人們的猜測大相徑庭。腓特烈威廉四世雖然身為國王，但個性軟弱，明哲保身，經常對國會裡的自由派讓步。

俾斯麥的選擇的確令人費解，當其他議員攻擊國王諸多愚昧的舉措時，只有俾斯麥支持他。一八五一年，俾斯麥的付出終於得到了回報。腓特烈威廉四世任命他為內閣大臣。但他並沒有滿足，仍然不斷努力，請求國王增強軍隊實力，以強硬的態度面對自由派。他鼓勵國王保持自尊來統治國家，同時慢慢恢復王權，使君主專制再度成為普魯士最強大的力量。國王也完全依照俾斯麥的建議行事。

一八六一年腓特烈威廉四世逝世，他的弟弟威廉繼承王位，新國王很討厭俾斯麥，不想把他留在身邊。但威廉國王與腓特烈國王同樣遭受到自由派的攻擊，他們想吞噬他的權利。年輕的國王感覺無力承擔國家的責任，開始考慮退位。這時候，俾斯麥再次出現，他堅決支持新國王，鼓動他採取堅定而果斷的行動對待反對者，採用高壓手段將自由派趕盡殺絕。

儘管威廉討厭俾斯麥，但是他明白自己需要他，因為只有俾斯麥的幫助，才能解決統治的危機。於是，他任命俾斯麥為宰相。雖然兩個人在政策上有分歧，但並不影響國王對他的重用。每當俾斯麥威脅要辭去宰相之職時，國王為了自身利益考慮，便會讓步。俾斯麥聰明地攀上了權力的最高峰，他身為國王的左右手，不僅牢牢地掌握了自己的命運，同時也掌控著國家的權力。被後人稱為「鐵血宰相」。

俾斯麥是一個很聰明的人，他明白如何實現自己的價值。他認爲，依附強勢是愚蠢的行爲。因爲強勢已經很強大了，他們可能根本就不需要你；而與弱勢結盟則更爲明智，因爲他們的需要，才更能發揮自己的優勢，彰顯自己的價值。

瞭解自己，找到自己的優勢，然後好好地經營它，那麼久而久之自然會結出豐碩的成果。所以，如果你是一個不甘平庸、想成就一番事業的人，那麼就在認識自己長處的前提下，揚長避短，認真地做下去吧。也許你的優勢只是很小的一點點，需要經過長時間的累積和經營才能形成真正的勢力，所以，一定要持之以恆。堅決守住自己的陣地，絕不把最擅長的領域丟棄，那麼你就一定能成就自己。一個有成就的人，還發愁不能在高層次的圈子裡面佔有一席之地嗎？

一個人只有被需要的時候，才不會產生「英雄無用武之地」的落魄感。也只有在被需要的時候，才能證明自己的才能，發現自身的優點和長處，並在適當的機會施展出來，讓更多的人記住你，得到更多的人脈。那麼，創業者怎樣才能在商業活動中讓自己受人需要呢？這需要一個推銷過程。《成功地推銷自我》的作者E・霍伊拉說：「如果你具有優異的才能而沒有把它表現在外，就如同把貨物藏於倉庫的商人，顧客不知道你的貨色，如何叫他掏腰包？各企業的董事長們並沒有像X光一樣的透視眼，具有透視你大腦的能力。」

巧妙地推銷自己，是變消極等待爲積極爭取，並加快目標實現的手段。常言道：「勇猛的老鷹，通常都把他們尖利的爪牙露在外面。」精明的生意人，在銷售自己的商品之前，總得想辦法先吸引顧客的注意，讓他們知道商品的價值。人，何嘗不是如此呢？積極的自我推銷，才能吸引他人的注意，從而判斷你的能力，助你成功。推銷自己既是一種能力，也是一門藝術。學會下面的幾點，能夠幫助你推廣個人品牌。

一、要確定交往的對象

想要在商業活動中推廣自己，就要考慮你喜歡與哪些人交談，他們對你抱有什麼期望，有哪些特點能夠對你產生影響？同時，注意觀察成功者的行爲準則，並吸取他們的優點。

二、利用別人的批評

許多公司或企業的銷售部門利用調查表來瞭解消費者對自己產品好壞的評價。你也應瞭解別人對你的意見和指責，應該坦誠地接受批評，從中吸取教訓。

三、要善於展示自己的優點

在人際交往中，要善於展示自己的優點。例如，你的語調是否莊重、膽怯或令人討厭。語調與身體姿勢、行走、握手和微笑一樣可以說明一個人的許多特性。

如果表現不好，就容易給人誇誇其談、輕浮淺薄的印象。因此，表現自己的最好辦法，是你的行動而不是你的自誇。成功者善於積極地表現自己最高的才能，以及處理問題的方式。這樣不但能表現自己，也能藉由參與吸收別人的經驗，獲得謙虛的美譽。學會表現自己吧，在適當的場合、適當的時候，以適當的方式向客戶與合夥人表現你的優點，這是必要的。

四、要善於包裝自己

超級市場的貨架上灰色和棕色的包裝很少，爲什麼呢？因爲沒有人喜歡這些顏色的包裝。你若不想成爲滯銷品，也應當檢查自己的「包裝」

——服裝、鞋子、髮型、打扮等。要勇於經常改變自己的「包裝」，那會給人耳目一新的感覺。

在推銷自己的時候，外表非常重要，而且永遠不可忽視。生活中有很多人，雖然相貌平平，但在事業上也能獲得很大的成功，關鍵是她們懂得包裝自己。因此，對於外表你要加以注意，以充分挖掘、利用自己的優勢。例如，如果你是個女人，就可以每天精心地裝扮自己，梳一個漂亮的髮型，也可以讓自己更苗條些等，總之想盡一切辦法，也要變成一個討人喜歡，讓人願意和你待在一起的人。

五、適當表現你的才智

一個人的才智是多方面的，假如想表現的口語表達能力，就要在談話中注意語言的邏輯、流暢和風趣；如果想表現專業能力，當客戶問到你的專業領域時就要詳細一點地說明，當然你也製造機會主動介紹。

六、推銷自己應自然地流露

會推銷自己的人都是自然地流露而不是做作地表現。成功者從不誇耀自己的功績，而是讓其自然地流露出來。

七、不要害怕錯誤

商海活動與決策出現錯誤在所難免，關鍵是你應爲應對出現嚴重的情況做好準備。如果一個專案真的遭遇失敗，既不要驚慌失措，也不要轉而採取守勢，而應勇敢地承擔責任，提出解決問題的辦法。在緊張狀態中頭腦清醒、思路敏捷的人，就會得到下屬和客戶的信賴。

八、另闢蹊徑，與眾不同

這是一種顯示創造力，超人一等的自我推銷方式。但凡款式新穎、造型獨特的東西常常是市場上的暢銷貨；見解與眾不同，構思新奇的著作也往往供不應求。因此獨特、新穎便是價值。人也一樣，他人不修邊幅，你不妨稍加改變和修飾；他人好信口開河，你最好學會沉默，保持神祕感，時間越長，你的魅力就越大；他人若總是揚長避短，你便可試著公開自己的某些弱點，以博得人們的理解與諒解，等等。如果你願意嘗試用這些方法來表現自己，就一定可以收到異乎尋常的效果。

九、把握每個幫助他人的機會

助人者，人恆助之。高陽這樣描述胡雪巖，「胡雪巖倒楣時，不會找朋友的麻煩；他得意了，一定會照應朋友」。胡雪巖的成就大部分取決於他人的幫助，這些人之所以要幫助他，正是因為他們以前都接受過胡雪巖的幫助。投桃報李，正是人脈的要義。

黃金法則24

經營人脈槓桿，輕鬆撬動財富

我們往往會問自己這樣的問題，為什麼同樣是在社會上討生活的人，有的人可以腰纏萬貫，並且越來越富有；而有的人卻兩袖清風。這是個人能力的問題，還是機遇的問題？總之答案五花八門。然而，這些答案都沒有說到真正的關鍵，其實，窮人與富人的差距就只有兩個字——人脈。

曾任美國總統的希歐多爾•羅斯福曾說：「成功的第一要素是懂得如何做好人際關係。」的確如此，在美國曾有人做過一項問卷調查：「請查閱貴公司最近解雇的三名員工的資料，然後說出解雇的理由是什麼。」結果無論什麼地區、什麼產業的雇主，有三分之二的答覆都是：「因為他們不會與別人相處所以被解雇。」

很多成功人士都深刻地意識到人脈資源對事業成功的重要性。曾任美國某大鐵路公司總裁的A・H・史密斯說：「鐵路的百分之九十五是人，百分之五是鐵。」美國成功學大師卡耐基經過長期研究得出結論：「專業知識對於一個人的成功只佔百分之十五，而其餘的百分之八十五則取決於人際關係。」所以說，無論從事什麼職業，只要學會處理人際關係，你就成功了百分之八十五，得到了百分之九十九的個人幸福。無怪乎洛克菲勒說：「我願意付出最大的代價來獲取與人相處的本領。」

做人、做事、賺錢，要尋找技巧，利用槓桿「四兩撥千斤」的原理，可以更快地達到目的，即透過有效地運用時間、力氣和金錢來提高生產力。

比如，《心靈雞湯》的作者馬克・維克多・漢森只寫了一本書，但銷售達到數千萬，全世界每一個角落每賣出一本正版書都有他的收入存在。該書引起轟動以後，又能將「雞湯」的品牌發揮其他作用，開發其他的產品，如《心靈雞湯——工作卷》、《心靈雞湯——女人卷》等。因爲是名家，搭上了所謂的名家效應，這些作品非常暢銷。如今，他的作品已在全球銷售五千萬冊，並且還在增加中。這槓桿作用不僅爲作者，也爲出版社、書店以及許多其他人帶來了源源不斷的錢財。

槓桿作用體現在以下幾個方面：

一、用槓桿原理賺取別人的錢

比如在房地產投資中，人們用百分之十至百分之二十的首付款購買住宅類房地產，卻控制著百分之一百的產權。

二、用槓桿原理學習別人的經驗

比如自己學習需要的時間太長，就向別人借用或者學習。成功最快的方法就是跟富人學習，你學到的每一個觀念或方法，都能省下自我摸索和艱苦努力的寶貴時間。

三、用槓桿原理收購別人的時間

人們有時會主動付出自己的時間，但大多數人會以相對較便宜的價格向你出售自己的時間。

四、用槓桿原理讓別人替你工作

大多數人希望有工作，可以聘用他人來從事自己不想做或者沒有能力做的任何工作，藉由他人來提升自己。

富人的朋友似乎總是遍佈天下，一個人變成富人之後，總有許多人會攀附他，而這些人之中一定也有能夠爲他所用的人。

曾有一位記者採訪鋼鐵大王安德魯・卡內基，問他獲得財富和成功的要訣。安德魯・卡內基沒有正面回答這位記者的提問，而是列舉許多工商界知名人士，簡述了他們的個人奮鬥歷程，並善意地告誡這位記者，不要固執地向億萬富翁追問獲得金錢的竅門，這是不實際的。這個竅門就在他所提供的事例之中，要經過分析和總結才能獲得。

這位記者就安德魯・卡內基所提供的內容進行了分析，驚奇地發現，在這些成功人士的周圍都集結了一批才幹優秀，能獨當一面的精英人物。在許多重要關頭，都是這些人物協助他們的老闆確認了方向，走出了泥潭，取得了成功。幾乎沒有一個人是完全憑個人智慧和力量在工商界抑或政界打下江山。正如安德魯・卡內基的名言：「不是我本人有什麼超常的智慧和能力。我只不過比較善於團結在某些方面比我更能幹的人為我工作而已。」這位記者由此而找到了成功者的祕訣：善於團結傑出人才為自己辦事。

任何一個億萬富翁，毫無例外地都不是僅僅靠個人的力量而取得的，而往往是得益於一些良好的人際關係。時時左右逢源、處處如魚得水，自然也就事事順心如意、財源廣進了。一位億萬富翁成功後總結說：「我之所以能有今天的成就，單靠自己的力量是遠遠不夠的，而是得力於我接觸到的所有朋友。我的朋友各行各業都有，如文化界、教育界、學術界、商業界……我和他們保持著良好的關係。」可見，與優秀的朋友保持良好的關係是經營成功的重要因素之一。

多一個朋友，就多一條路，多一個希望。這是人所共知的道理。

那麼我們應該找哪些朋友呢？當然和你一樣兩袖清風的朋友對你的人生也會有很多的幫助。但要創富，就要找到能在觀念和實踐上幫助你成功的富人。這是一個簡單得幾乎不需要解釋的結論。所謂富人，也就是與財富有緣的人。因此，我們要創富就一定要接近富人，與富人一起工作，與富人交朋友。

現在，人們對財富的渴望可說是與對富人的仇視並存：每個人都愛錢勝過愛其他一切，但同時窮人對富人的仇恨也到了詛咒的地步。

有了共同利益，就是同志加兄弟；發生利益衝突，就朋友變仇人。這是人際關係的縮影。人之所以需要聚在一起，是因爲人們需要彼此的幫助和支援，有時是物質的，有時是精神的。如果物質前提不存在了，友誼也就成了無源之水，無本之木。

所以說只有永遠的利益，沒有永遠的朋友。這裡並不是否定友誼的存在，而是探討一種使其長久、豐富的途徑。爲了共同的利益結交富人朋友是極其正常的，這不僅是創富的捷徑，更是社會現實。

貴人就是一座金礦，這些金礦在每個人的身邊均勻分佈，但只有發現它們、開採它們的人才有可能擺脫貧困，成爲真正的富人。

一般而言，能夠幫助你實現「財富夢」的貴人往往存在於以下幾種人群之中：

一、已經擁有財富而又希望贏得聲望的人。

對於這一類人來講，「金錢」已經不是那麼重要，他們願意用金錢去幫助他人，贊助慈善事業，爲自己樹立良好的公眾形象。很多成名的企業家和大牌明星都屬於這一類型。

二、擁有財富並希望藉由招攬人才增長財富的人。

如果你是一個人才，他們會願意投入資金栽培你，希望他日你能夠幫助他將事業做大。

三、擁有小額財富而想藉由投資獲取更多財富的人。

這些人需要合作夥伴，如果你手中握有某項技術、較大範圍的人際關係或者某一領域的豐富知識，他們有可能看中其中一點與你合作，從而實現雙贏。

在我們投資人脈的過程中，並不能僅僅限於原本的領域或專業。有幾種人是我們必須與之時時聯絡的，哪怕再忙、再緊張、再疲於應對，也得騰出精力和時間，將這幾種力量納入手中。

一、關鍵時刻能為你提供票據的人

某個你人脈中的重要角色，無意間提起他急欲觀看某場重要比賽，可是偏偏票售完了。此刻，你應當急人之所急，拍著胸脯說：「沒問題，包在我身上！」你的朋友一定大爲高興。

但前提是，你答應的事一定要能辦到。假如你正好認識票務公司的人，弄兩張票對他來說只是小意思，你的人情就算是做到了。然而，你首先得認識能爲你提供門票的人，這樣，關鍵時刻才能成竹在胸。

二、銀行內部的工作人員

在這個以經濟發展爲主導的社會，銀行的作用越來越重要，從工資發放，到投資理財，到稅款繳納、獎金福利等，都可能跟銀行扯上關係。所以，認識幾個銀行內部的工作人員極其必要，這樣當資金出現了任何問題，你就知道該向誰諮詢，該向誰求助。

三、獵頭公司的人也不妨認識一下

你可能常接到獵頭公司的電話，而且頻繁得令你感到厭煩。這時你不應冷言冷語拒絕，不妨隨便聊聊，記一下聯繫方式。要知道，現在不需要不代表將來不需要，如果哪一天不幸落馬了，獵頭公司便能幫助你。永遠記得這條真理：在口渴前挖井，想喝水時就會有水喝。

四、多與旅行社打交道

身在職場，免不了要出差辦事。出差離不了遠行工具，你可能需要搭乘飛機。同一架飛機，十名旅客就可能會有十種不同的價格。如果認識旅行社裡的人，也許你的機票價格將是這十種價格中較爲低廉的。一張本值四百美元的機票，別人花了五百美元才能買到，你僅花了三百美元就買到了，是不是很得意？這就得益於你認識的旅行社朋友。

五、當地的警務人員要盡量結交

也許你見了警務人員，心裡就產生防備。其實，只要沒做犯法的事，就完全沒有必要害怕。要知道，警務人員的作用是很大的，例如：子女就學、戶口遷移、家庭安全、突遇盜竊等事，都會有警務人員的涉入。所以，跟幾個警務人員打好關係有百利而無一害。

六、名人儘量多結交

人人都知道，大樹底下好乘涼，應儘量多認識那些名人。也許你會覺得，他們怎會放下架子來結交像我這樣不名一文的人呢？其實，你要知道，高處之人往往不勝其寒，很多名人其實比你想像的容易接近得多。關鍵在於你要想方法去靠近他們，用你獨有的魅力去吸引他們的關注。另外，還可以採用一些小技巧，例如：特地去訪問那些名人常光顧的律師、醫生、會計師等；還可以去他們常去的餐廳、舞會、展覽會等，創造一些與名人相遇相識的機會。

七、多向金融和理財專家請教

金融、理財，兩個貌似高深的詞語，現在卻與每個人都有關係，我每個人都或多或少有這方面的事務需要處理。但並不是每個人都可以成爲這兩方面的專家。這時，我們就可以向專家請教，用比較科學的方法來引導我們的生活和事業。

八、律師

我們不得不承認，現實的社會是複雜多變的，很簡單的問題也會因爲太多的因素變得撲朔迷離，甚至有人抱怨，就算是兩袖清風地走在大街上，都有可能災禍上身。因此，最明智的選擇就是採取法律手段，按照法律程序來解決。這時就免不了要跟律師打交道。

律師都熟識法律知識，通曉法律技巧，有律師的幫助，你的麻煩就會少很多。

九、維修人員

日常生活中的麻煩實在太多，家裡的鎖生鏽打不開了，瓦斯罐漏氣，下水道堵塞，汽車突然罷工……諸如此類的麻煩實在讓人心情很糟。這時，如果突然想起某個精通維修的朋友，一通電話過去，朋友便在最短的時間內幫你將這些煩心事徹徹底底解決。而你需要付出的費用也是在合理的範圍之內，有這樣的朋友，真的會讓人心情很好。

十、媒體工作者

你的公司新研發了一種產品，這時自然少不了宣傳。想宣傳就要跟媒體工作者打交道。所以，無論從集體的利益出發，還是從個人的利益出發，不論你對記者等媒體工作者持怎樣的態度，與他們之間的關係還是要處理好。

媒體的作用，能使你緋聞纏身，也能使你在短時間內人氣大漲。如果處理得好，媒體就是你最好的宣傳助手。

不管哪個商業領域，都很有必要結識上面這十種人。這些人就好比我們日常出行必須用到的交通工具一樣，沒有他們我們可能很難完成最基本的事務。結識他們雖然看似平常，有時作用也不是很突出，但是如果能運用得當、巧妙安排，他們就能發揮出事半功倍的效果，爲我們的生意錦上添花。

黃金法則 25 記住自己的使命，不沉溺於應酬

有人因為無力控制欲望沉湎酒色；有人因為事業再無激情沉湎酒色；有人因為「過去吃了苦」，懷著補回來的心態沉湎酒色；有人因為「人生苦短」，信奉賺錢是為了享受的哲學沉湎於酒色……這都是不可取的。逢場作戲並非不可，但絕對不能沉溺，創業者永遠要記住自己的責任與使命。

企業家們十分在意企業的管理，十分計較企業的成本與營利，可是卻很少去計較自己的生活。他們的企業運作與管理都很有規律，然而他們

的生活卻經常是沒有規律的，他們爲場面上的應酬頻頻舉杯，爲陪同客戶與朋友經常徹夜不歸，擁有億萬家財，卻很難擁有一份正常的生活。

因爲工作的需要，企業高層在外吃飯的時間遠多過在家裡，和朋友、客戶吃飯免不了喝酒、抽菸，但這些不良的生活習慣容易引起多種疾病，嚴重的甚至會導致死亡。企業高層平時在外應酬較多，喝酒不可避免。長期過量的飲酒對肝、胃、大腦、心臟都有損傷。酒中的乙醇對身體的組織器官有直接毒害作用，其中對乙醇最敏感的器官是肝臟。連續過量飲酒會損傷肝細胞，干擾肝臟的正常代謝，進而可致酒精性肝炎及肝硬化。除此之外，大量飲酒還會出現急性胃炎的不適症狀，連續大量攝入酒精，會導致更嚴重的慢性胃炎。酒精對記憶力、注意力、判斷力、機能及情緒反應都有嚴重傷害，造成口齒不清，視線模糊。大量飲酒的人可引起心臟肌肉組織衰弱並且受到損傷，而纖維組織增生，則會嚴重影響心臟的功能。

據調查稱，在某醫院肝臟移植中心完成的八十餘例肝臟移植手術中，有百分之二十以上是企業界精英，這些患者多數有B肝病史十年以上，因工作壓力大，經常飲酒導致肝病惡化速度比較快，經換肝後才得以重新返回崗位。

劉先生人到中年已資產過億，B肝病史十餘年。由於工作勞累、過量飲酒，劉先生發現肝硬化時已經是中晚期，肝功能一直不正常，經常出現腹水，一年中有半年要在醫院度過。暗沉的臉色使他不能與人正常交往，工作都是透過電子郵件來安排。內科醫生認為只有換肝才能保住性命，日前他自己開著賓士車到醫院做了肝臟移植。現在他面色紅潤，和正常人一樣，生活品質大大提高。三十七歲的王先生是開飯店的，哥哥因肝硬化病逝，他也因常喝酒、熬夜，原有的B肝很快發展為肝硬化。在進行換肝手術時，醫生意外發現其肝硬化已伴有肝癌，如果再晚三個月發現，很可能就發展到晚期，也會錯過最佳換肝期。現在他不僅重返工作崗位，而且還被評為創業典範。林先生平時應酬很多，忽略體檢，去年查出早期肝癌和中期肝硬化，經肝臟移植手術後他終於重新回到談判桌上。

人在江湖，身不由己。在商海之中，創業者常常會遇到形形色色的應酬，酒色財氣都難以避免。在利益的逼迫下，我們不得不違背自己的意願去做很多事情。但是，凡事適可而止。

酒桌上，無論走到哪裡，人們都會講酒品就是人品，酒量就是銷量。事實上，經商永遠遵循的是利益，酒充其量只是潤滑劑而已。令人非常遺憾的是，不少創業者往往弄不清楚目標和手段之間的差異，本應屬於手段的東西，結果反客爲主，被新老闆們當做目標，心智慢慢被腐蝕，最終沉迷於其中，無法自拔。人們常說，前車之覆，後車之鑒。然而在現實當中，更多的是前車已覆，後車照覆。人們往往是健忘的，好了傷疤忘了痛也是常態。

應酬場上的高手，皆能把握住分寸，只是將吃喝玩樂當做一種交際手段，而他們的手段始終服從於理性，隨時保持清醒的大腦，不使自己沉涵進去。即便是在酒桌上，也要學會全身而退。

一日，某公司舉辦商務酒宴，席間該公司經理頻頻舉杯，巧立名目，敬了六次酒。在敬第六杯酒時，經理怕來賓拒酒，強調「六是吉祥，六是順意，六標誌著不論經歷六六三十六番風雨，都會有七十二般彩霞壯麗，六蘊涵著無數的變化與商機。六杯酒是對我們合作順暢的洗禮，六是我們雙方激情的凝聚，任何數字都不及六的祝福最能表達我們的心意……為我們合作順心如意，財源如春雨，乾杯！」

看著賓們喝下第六杯酒後，不久一會兒，他又第七次舉杯：「各位來賓，各位朋友，我喝一杯你一杯，感情濃了酒似水。這七杯酒表心扉。情意重了千杯不醉，酒入口中心心交會，合作經營前景宏偉……為了我們的合作永遠有七色彩虹相伴相隨，為財源滾滾像流水，乾杯！」此時的來賓大多已是不勝酒力，再喝下去勢必影響下午的談判。而且第七杯喝下去，必然還會有熱情洋溢的第八杯，如果這杯不擋住，後面的更難於抵擋。

但面對主人如此「熱情」，不喝又似乎說不過去。這時，一位來賓緩緩站了起來，端起酒杯，從容地說道：「各位，一杯的酒香凝結在喉，兩杯的祝福記在心頭，三杯的盛情共同擁有，四杯的濃情風雨同舟，五杯的熱烈如風擺柳，六杯的祝願天高地厚。我雖然已經喝得無力承受，但我還記得剛剛喝下的那杯酒，你們說，任何數字都不及第六杯酒最能表達心意，那我們就把最能表達心意的凝聚在心頭，既然你們的祝福說『六是順意，六標誌著縱然有三十六番風雨，也一定能有七十二個豐收』，那麼，我們就把最好的、最美的、最順暢的那第六杯酒代表最具盛情的祝福永遠擁有。正像你們開始敬酒時所說，敬酒在情不在酒，那我們就正好以水代酒，讓祝福順暢永遠繞心頭。乾杯！」

聽罷這番敬酒，來賓紛紛響應，那位經理雖還想再拼酒，但覺得第六杯酒時已經把話說滿，不好再自我否定。對那位來賓的欽佩之餘，也共同舉杯，敬酒也就到此為止了。

上述案例中來賓就是採用了「請君入甕」方法，應付對方車輪式的敬酒，他明白對方是想利用拚酒，使他們在下午的談判中因爲醉意而處於下風，所以巧妙地利用對方第六杯說得過滿的話，讓其鑽入自己所設的圈套中，從而避免了醉酒誤事。

經商應該是一種非常理性的行爲，市場經濟對創業者的要求自然遠遠高於普通人。作爲一個普通人，你可以有很多閒情逸致，可以有很多不良嗜好，可以安於現狀，可以沉醉享樂。但作爲一個創業者，你必須時時刻刻明確自己的目標和方向。別人可以真醉，但你即使喝得酩酊大醉、身處溫柔之鄉，也需保持清晰的大腦，高度的商業理性。與此同時，創業者還應當爲自己定一條堅如磐石的規矩，那就是除非確有商業運作之必要，否則就不接觸吃喝玩樂這類應酬。

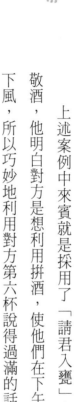

黃金法則26

與人打交道是為了經商而非個人好惡

以個人好惡來與人打交道，古往今來並不鮮見。在許多創業者眼裡，凡與我為善者即為善人；與我惡者，即為惡人。實際上，這是不對的。**對於創業者而言，服從於利益是商業本質內在的要求。**

俗話說：「酒逢知己千杯少，話不投機半句多。」不少生意人都有這樣的感受，和自己喜歡的人說話、談生意，會令人感到親切、歡喜；而和自己不喜歡的人在一起，就會產生反感、嫌棄，或嗤之以鼻，或敬而遠之，甚至形同陌路，橫眉冷對。而這種做法，對自己的人際關係和事業的發展都非常不利。

實際上，擅長與自己不喜歡甚至是討厭的人打交道，是合格創業者所應具備的一項基本素質。情感和好惡屈從於理性，真正做大事業的人都能屈能伸。「屈」是爲了更好地發展，是爲了在更高層面「伸」張自我。

柯克和小沃森是老對手，ＩＢＭ上上下下都知道這件事，柯克剛剛去世，所有人都認為伯肯斯托克在劫難逃。伯肯斯托克本人也這麼認為，因此他心想與其被小沃森趕跑，不如自己先辭職，這樣還能夠走得體面些。

這天，ＩＢＭ的總裁小沃森正在辦公室裡，伯肯斯托克闖了進來，並大聲嚷道：「我什麼工作都沒有了！待在這裡有什麼意思！我不幹了！」

現在的小沃森與當年的老沃森一樣，脾氣都非常暴躁，如果一個部門經理這樣無禮闖入，按照平時的習慣，他一定會毫無顧忌地把伯肯斯托克轟出去。但令人意外的是，小沃森不但沒有發火，反而笑臉相迎。

從這一點來看，小沃森不愧是用人的專家，他知道什麼時候該發火，什麼時候不該發火，對伯肯斯托克就屬於後一種情形。他知道，伯肯斯托克是一個難得的人才，比剛剛去世的柯克還要勝過一籌，留下來對公司有百利而無一害，儘管他是柯克的下屬兼好友，並且性格桀驁不馴。

小沃森對伯肯斯托克說：「如果你真的有能力，不僅在柯克手下能夠很出色，在我和我父親手下也照樣能夠成功。如果你認為我對你不公平，你可以走人。如果不是這樣，那你就應該留下來。因為ＩＢＭ需要你，這裡有你發展的空間。」

伯肯斯托克捫心自問，覺得小沃森並沒有對他不公平的地方，也沒有像別人想像的那樣柯克一死就收拾他。於是，伯肯斯托克留了下來。

事實上，小沃森留下伯肯斯托克是極正確的。小沃森在促使ＩＢＭ從事電腦業務方面，曾遭到公司高層的極力反對，只有伯肯斯托克全力支持他。正因為有了伯肯斯托克與小沃森的共同努力，ＩＢＭ才能渡過重重難關，有了今天的成就。小沃森後來在回憶錄中說：「挽留伯肯斯托克，是我最正確的行動之一。」

小沃森不僅留下伯肯斯托克，而且還重用他。同時在他執掌IBM期間，也提拔了一大批他不喜歡，但是具有真才實學的人。他後來回憶說：「我總是毫不猶豫地提拔我不喜歡的人，那些討人喜歡的人，可以成為我一道外出垂釣的好友，但在管理中卻幫不了我的忙，甚至替我設下陷阱；相反，那些愛挑毛病、語言尖刻、幾乎令人討厭的人，卻精明能幹，在工作上對我推心置腹，能夠實實在在地幫助我，如果我把這樣的人安排在自己身邊，經常聽取他們的意見，對自己是十分有利的。」

一切領導活動的根本目的，就在於實現預定的管理目標，把事情辦好。為此，當然要講究用人方法，這種時候不應該把個人好惡帶到工作中，否則只會導致人浮於事，影響管理目標的實現。

從本質上講，商業活動要求精細化計算，一切都要絕對服從於經濟理性，甚至要求像電腦程式一樣，從這頭輸入相同的變數，從那頭就出來同樣的結果，絲毫不受感情和個人好惡等因素影響。而人畢竟是人，難免會有七情六欲、喜怒哀樂、愛憎好惡，並會以不同形式表現出來，這本來無可厚非。在我們的傳統中，一直要求立場堅定，明辨是非，愛恨分明。如果您只是一個普通人，完全有權利根據個人情感去處理事情，可以活得表裡如一且非常真實。然而一旦選擇創業，這一切都會改變，情感必須服從於理性，也必須成爲情緒管理、好惡管理的高手，否則從商之路就會曲折得多。

我們在創業過程中，處處會遇到不太喜歡的人。這個人可能是員工、客戶、供應商、官場中人，也可能是仲介。無論是哪種類型，我們內心雖然非常討厭這個人，但畢竟爲了大大小小的利害關係，不得不耐著性子跟他們打交道，很多時候必須把關係處理得恰到好處。倘若由著自己的性子來，就難免會使自己的利益受損，甚至付出沉重的代價。偶爾一次由著自己的性子，或許無傷大雅，假如經常這樣，輕則難以做大，重則導致專案觸礁。

張經理是一個脾氣執拗、注重實踐的人，對那些文質彬彬、不善言談的人他很難產生信任感。當李經理躊躇滿志地向張經理提出合作生意時，張經理說：「我有不喜歡你的理由，因此我不打算和你合作。」李經理意外地碰了壁，感到很失望。

幸好，有一家不起眼的小公司向李經理投出了善意。兩年之後，兩家小企業發展得非常快，超出了人們的意料，李經理成為一名知名人士，常常出現在媒體報導上。

在一次成功人士座談會上，李經理遇見了當初拒絕自己的張經理。張經理難為情地說：「我真後悔當初有眼不識泰山。如果當初能和你合作的話，該多好啊。」

正所謂「一牆難擋八面風，一人難順百人意」，芸芸眾生，性格各異，你不可能喜歡每一個人，也無法要求所有的人喜歡你。但是，生意場中沒有那麼多的隨心所欲、自由選擇，如果你不懂得與不喜歡的人交往，可能會失去一筆好買賣。

俗話說，「三人行，必有我師」，世界上沒有一無是處的人，你所不喜歡的人身上的某些特點，也許正是你不具有的東西。與更多的人交往，才更有助於完善自己，才能廣納四海之財。而對於想要賺大錢的生意人來說，更應如此。

你一旦選擇了創業，就註定不能再過普通人的生活，不能按照原來的方式來做事。普通人的七情六欲、喜怒哀樂，都必須統統屈從於經濟理性。很多人批評商人太過勢利，很多人羨慕商人的富足，但他們哪裡知道，老闆是世界上風險最大的職業。他們承受著數十倍於別人的壓力，他們在夾縫裡生存，他們在為家庭、員工、供應商、客戶和政府打工，他們還經常遭受來自各方面的誤解，他們不得不壓抑自己的情緒，付出了別人難以承受的代價，即使月入百萬也沒有安全感。

經商成功者是一個自然選擇的結果，老天只會留下那些符合商業邏輯的人，而根本不會聽你的種種理由和藉口。如果留意一下社會上大大小小的成功老闆，就會發現也許他們在其他場合仍然意氣用事，但在商場中都會表現得非常理性，基本上都能做到情緒服從於利益。有人偶爾也會表現出好惡傾向，但最終還是會選擇向理性投降。當然，商海中也有很多愛恨分明的人，他們的結局一般都不是太好，要不是企業一直處於較低水準發展，要不乾脆就沒有運作起來。

情緒管理是創業者的必修課。如果你對一些人和事內心深處有一些想法，可以找適當的機會向適當的人傾訴，以減輕心中的壓力，但絕不要將此帶到商務和經營活動中。人在商海沉浮，和什麼樣的人以何種方式打交道，是由利害關係決定的，而不是由情感和好惡決定的。初涉商海的創業者，尤其要牢牢記住這一點。那麼，怎樣和不喜歡的人相處呢？這時，一定要採取合適的方法。以下幾個方法你可以作為參考：

一、放平心態，坦然接受

生意場上，誰都會遇到自己不喜歡的人，此時心態平和一點，不要總提醒自己他是你不喜歡的人，也不要表現出厭惡感。如果對方也有同樣的回應，就會很容易造成互相敵對的局面。

心理學家認爲，一個人對某類人喜歡或不喜歡，其實都是主觀意識在作祟，導致排斥、不願接觸對方。可能起因於自己在過去生活、工作的經歷中，某一時刻不好的記憶，也可能是過去所養成的好惡，總之是一種自然的心理反射作用。告訴自己看開一點，把心裡的感受放到一邊，不要理會，坦然自若地相處。如果處理得好，一定能使你的生意和人脈更爲博大和成功。

二、多瞭解別人，包容忍讓是必備

「人非聖賢孰能無過」，每個人身上都有不足之處。因此，在生意交際中，不要強求別人處處完美或者揪住對方的缺點不放，也不要選擇躲避這些人，多接觸也許更能改善關係。同時，要以一顆包容、忍讓的心，來對待出現在你面前的生意朋友。

在生意場上，如果你遇到的是一位沉默、呆板、孤僻的人，讓你很不喜歡。這時你應該多和他交談，或者側面調查一下，你可能會瞭解到他個人生活經受了許多坎坷和磨難，甚至曾經受過嚴重的精神打擊，或許你就會更願意理解他、體諒他、同情他，從而樂意和他接近。而他可能會十分感激你，願意與你交往，成爲生意和生活上的朋友。

在生意上，小地方讓步，可以保證大方面的取勝。但是當你善待對方，對方卻對你態度不好的時候，你仍舊要繼續保持與對方友好和善的態度，畢竟連草木、動物都有感情，更何況是人呢？只要心存善念不斷地付出，對方一定會轉變。

三、學會承認差別，求同存異

「人心不同，各如其面」，人與人之間，不僅有體貌上的生理差別，而且有興趣、能力、氣質、性格等心理上的差異，這是客觀現實。

不同類型的人，爲人處世的方法往往不同，因此在交際中要承認差別，對症下藥，善於在不同之中發現共同之處。

如有些人沉默寡言、做事死板，不會對你的招呼、寒暄等有反應，與這種人打交道時，最好的應對方式是直截了當，明確表達自己的觀點。同時要多花時間，從言行中尋找出他真正關心的事，再就他所關心的事展開話題，讓他充分表達自己的意見。這時，你的事情就有解決的機會了。

如果你是個性平和、處事慎重的人，和人談生意時，可能語氣委婉圓滑，絲毫沒有強烈、尖刻的情緒。而你的生意夥伴是一個性格剛直暴躁、草率決斷的人，他可能語氣尖銳、單刀直入，同時還可能埋怨你拐彎抹角，不夠坦率。這種人，在生意場上常給人一種做事幹練的印象。但由於他們多半個性比較急，經常會曲解他人意圖，斷章取義、妄下結論。與這種人做生意時，最好把談話分成若干段，或者把事情分層次地講給他聽，隨之徵求他的意見，讓他有充分的時間考慮。如果他沒有什麼意見，就繼續進行。

自私自利的人常常以自我爲中心，凡事都先從自己的利益考慮。遇到這樣的人，最好先按捺住自己的厭惡之情，用最恰當的方式來個順水推舟、投其所好。對方一旦發現自己的利益被肯定，心裡自然高興，你的事情也就好辦多了。

承認人與人的差異，就不會強求別人處處和自己一樣，便可以消除「合不來」的感覺，緩解矛盾，減少一些反感和厭煩情緒，這樣在生意上就容易形成良好的人際關係，在合作中達成共識。

傲慢無禮的人在待人接物、商務談判上總表現出一副自視甚高、目中無人的樣子。當你不得不與這種人做生意的時候，說話應該簡潔有力，不要與他囉唆，因爲多說無益。當對方對你客氣的時候，你就要謹慎了，因爲此時他的寒暄可能不會是真心誠意的。最好的應對方法是：在不得罪對方的情況下，言辭盡可能簡潔。

▶ 開公司要賺大錢，不變的26條黃金法則 （讀品讀者回函卡）

■ 謝謝您購買本書，請詳細填寫本卡各欄後寄回，我們每月將抽選一百名回函讀者寄出精美禮物，並享有生日當月購書優惠！
想知道更多更即時的消息，請搜尋"永續圖書粉絲團"

■ 您也可以使用傳真或是掃描圖檔寄回公司信箱，謝謝。
傳真電話：（02）8647-3660　　信箱：yungjiuh@ms45.hinet.net

◆ 姓名：　　□男　□女　　□單身　□已婚

◆ 生日：　　□非會員　　□已是會員

◆ E-Mail：　　電話：（　）

◆ 地址：

◆ 學歷：□高中及以下　□專科或大學　□研究所以上　□其他

◆ 職業：□學生　□資訊　□製造　□行銷　□服務　□金融
□傳播　□公教　□軍警　□自由　□家管　□其他

◆ 閱讀嗜好：□兩性　□心理　□勵志　□傳記　□文學　□健康
□財經　□企管　□行銷　□休閒　□小說　□其他

◆ 您平均一年購書：□ 5本以下　□ 6～10本　□ 11～20本
□ 21～30本以下　□ 30本以上

◆ 購買此書的金額：

◆ 購自：　　市(縣)
□連鎖書店　□一般書局　□量販店　□超商　□書展
□郵購　□網路訂購　□其他

◆ 您購買此書的原因：□書名　□作者　□內容　□封面
□版面設計　□其他

◆ 建議改進：□內容　□封面　□版面設計　□其他
您的建議：

剪下後傳真、掃描或寄回至「22103新北市汐止區大同路三段194號9樓之1讀品文化收」

廣 告 回 信
基隆郵局登記證
基隆廣字第 55 號

2 2 1-0 3

新北市汐止區大同路三段 194 號 9 樓之 1

讀品文化事業有限公司　收

電話/(02)8647-3663　傳真/(02)8647-3660

劃撥帳號/18669219　永續圖書有限公司

請沿此虛線對折免貼郵票或以傳真、掃描方式寄回本公司，謝謝！

讀好書品嘗人生的美味

開公司要賺大錢，不變的26條黃金法則